苏作匠心录丛书

古建筑技工培训考试用书

古建筑砖细工

周　骏　编著

袁小芳　校审

U0299767

中国建筑工业出版社

图书在版编目（CIP）数据

古建筑砖细工/周骏编著. —北京：中国建筑工业出版社，2016.12

（苏作匠心录丛书）

古建筑技工培训考试用书

ISBN 978-7-112-20075-7

Ⅰ. ①古… Ⅱ. ①周… Ⅲ. ①古建筑-砖-建筑装饰-中国-技术培训-自学参考资料 Ⅳ. ①TU-092.2

中国版本图书馆 CIP 数据核字（2016）第 269758 号

苏作匠心录丛书

古建筑技工培训考试用书

古建筑砖细工

周　骏　编著

袁小芳　校审

*

中国建筑工业出版社出版、发行（北京海淀三里河路 9 号）

各地新华书店、建筑书店经销

霸州市顺浩图文科技发展有限公司制版

环球东方（北京）印务有限公司印刷

*

开本：850×1168 毫米　1/32　印张：6⅜　字数：171 千字

2016 年 12 月第一版　2016 年 12 月第一次印刷

定价：**19.00** 元

ISBN 978-7-112-20075-7

（29545）

本书包括 12 章，分别是：古建筑砖细工（水作技艺）概述；砖细应用范围及历史演变；砖细材料的制造方法；砖细的平面作品与线面作品；墙门、库门、影壁与门楼；砖细的卯榫结构及安装；水作砖细工专题技艺：砖雕；水作砖细工专题技艺：花窗；水作砖细工专题技艺：灰堆塑；水作砖细工专题技艺：门楼（墙门）；苏州著名砖细塔与无梁殿；对苏州砖雕工艺的再认识。文后还有附录：香山帮建筑砖雕类型总览；香山帮建筑花窗类型总览；香山帮建筑灰堆塑类型总览；香山帮工匠的行话。

本书可作为古建筑技工培训考试用书，也可供从事古建筑施工的操作工人、技师使用。

特约编辑：徐　伉
责任编辑：胡明安
责任设计：李志立
责任校对：焦　乐　张　颖

SongZen
Chinese Architecture

山香元重

苏州重元香山营造有限公司出品

《苏作匠心录丛书》总序

　　苏州是吴文化的发祥地之一，也是世界上文化资源总量最多、门类最齐全的城市之一，特别是在明清时期，苏州的创意设计已在全国独领风骚，形成了独具风格的"苏作"产业，如著名的"苏绣"、"苏扇"、"苏作家具"、"吴门画派"、"苏作玉器"、"苏州园林"等，这些以地域命名的特色产品从设计到加工工艺、手段都具有独创性，这就是历史上的创意产业。当时的苏州是引领全国的时尚之都，京城的皇族、贵族都以拥有"苏作"文化产品为荣耀。近年来，"苏作"设计、工艺与营造产业在继承传统优势的基础上突飞猛进，不仅在传统行业，在许多新兴产业也展现出"苏作"的特征。建筑是城市的脉络，是城市发展的根，对于苏州这座拥有 2500 多年历史的名城，园林建筑就是苏州的城市之根。在历史演进的过程中，苏州不仅形成了园林、民居、小桥、流水等独具特色的建筑与城市风格，还孕育了一支在中国乃至世界建筑史上声名卓著的建筑技艺流派，这就是香山帮。可以说，香山帮作为苏州古典园林与传统建筑的缔造者和传承者，其传统建筑营造技艺堪称"苏作"中的第一作，因为正是苏州古典园林和传统建筑为"苏作"提供了空间载体，使物质文化遗产和非物质文化遗产得以在此交集容纳。

　　苏作匠心录丛书的选题、编撰、出版就是致力于汇集整理、研究传播"苏作"在当代的发展与实践，它既是一个重要的文化研究课题，也是一套有关深度苏州的出版物。编者于此寄望当代"苏作"能够为营造一种源流传统、精致优雅的苏州生活方式，而呈现与古为新、承古融今的美学价值和社会价值。本丛书分为三大版块：一是苏作园林建筑，二是苏作传统工艺美术，三是苏作当代设计。值得强调的是，这三大版块的内容更是聚焦于当代苏作匠人、设计师、学者的精工开物，因此，匠心录就成为他们研创磨砺、殚精竭虑、心血汗水与激情的一份记录与总结。

古老的苏州城在发展的漫漫长路上，其空间哲学与生活美学一直在经历着更迭与融合，其间，"苏作"始终是参与空间建构和文化建构的一支主力。今天，我们更有理由相信，在这片大吴胜壤上，"苏作"正以构筑传统与现代、历史与未来的融合之境，为我们展开一幅当代匠心的阐释之卷。

是为序。

周　骏

苏州重元香山营造有限公司总经理

徐　伉

重山文化传播中心总编辑

2016 年 10 月于苏州

前言：香山帮传统建筑营造技艺导论

2009年9月28日至10月2日在联合国教科文组织保护非物质文化遗产政府间委员会第四次会议中，审议并批准了列入《人类非物质文化遗产代表作名录》的76个项目，其中包括中国申报的22个项目；审议并批准了列入《急需保护的非物质文化遗产名录》的12个项目，包括中国的3个项目。由苏州香山帮传统建筑营造技艺等多项目打包的"中国传统木结构营造技艺"正式入选人类非物质文化遗产代表作名录。

中国传统木结构营造技艺是以木材为主要建筑材料，以榫卯为木构件的主要结合方法，以模数制为尺度设计和加工生产手段的建筑营造技术体系。营造技艺以师徒之间"言传身教"的方式世代相传。由这种技艺所构建的建筑及空间体现了中国人对自然和宇宙的认识，反映了中国传统社会等级制度和人际关系，影响了中国人的行为准则和审美意向，凝结了古代科技智慧，展现了中国工匠的精湛技艺。这种传统建筑营造技艺体系延承七千年，遍及中国全境，并传播到日本、韩国等东亚各国，是东方古代建筑技术的代表。

蒯祥画像

北京明代故宫作为中国传统建筑的典范和艺术瑰宝，是蒯祥及以蒯祥带领的香山帮匠人集体营造的。蒯祥充当了"鲁班"的角色，是总设计师。蒯祥是苏州香山渔帆村人。生于 1398 年，卒于 1481 年。香山是山名又是地名，今属苏州胥口镇。香山是"吴中第一峰"穹隆山的余脉。高仅 120m，虽小，但地处幽雅，风光旖旎，颇具形胜。香山帮以木匠领衔，是一个集木匠、泥水匠、石匠、漆匠、堆灰匠、雕塑匠、叠山匠、彩绘匠等古典建筑中全部工种于一体的建筑工匠群体。明永乐年间，蒯祥设计营造了北京故宫、天安门、午门和两宫。明正统年间，领导过重建三大殿、五府、六部衙署和御花园的建设工程。京城中文武诸司的营建，也大多数出于他手。他奠定了明清两代宫殿建筑的基础，所以明代故宫的鸟瞰图上，把蒯祥的像画在上面。

蒯祥精于建筑构造，"略用尺准度……造成以置原所，不差毫厘"，他擅长宫殿装銮，把具有苏南特色的苏式彩绘和陆墓御窑金砖运用到皇宫建设中去，他自己"能双手握笔画龙，合之为一"，他还善于创新，发明了宫殿、厅堂建设中的"金刚腿"（俗称"活门槛"）而被授职"营缮所丞"。蒯祥技艺超群，"凡殿阁楼榭，以至回廊曲宇，随手图之，无不中上意"，不久便擢升为工部左侍郎，食从一品俸禄。对于蒯祥的建筑造诣，当时就有极高评价，同行叹其技艺如鬼斧神工，而在京城"违其教者，辄不称旨"，皇帝也"每每以蒯鲁班称之"。蒯祥晚年，还经手建造十三陵中的裕陵。到宪宗成化年间，他已 80 多岁，仍执技供奉，保持着"蒯鲁班"的称号。他是一个时代建筑工艺水平的代表，堪称香山帮建筑工匠中的泰斗。因此，蒯祥被尊奉为香山帮匠人的鼻祖。

香山帮传统技艺一般分为木作、石作、瓦作（水作）、土作（土功）、搭材作（架子工、扎彩、棚匠）、油漆作、彩画作、裱糊作等八大专业。仅就木作而言，大木作是指木构架建筑的承重部分，又是木建筑比例尺度和形体外观的重要决定因素，大木作由柱、梁、枋、檩等组成，匠人从事房屋梁架建造，立柱、上梁、架檩、铺椽、做斗栱；房屋的设计也归属大木作；小木作负责进行建筑装修和打造木制家具，包括门板、挂落、窗格、地罩、栏杆、隔扇等；清以后小木作中又产生了专门的雕花匠。

拥有众多工种的香山帮匠人，几乎是中国传统建筑工匠的缩影。他们使用的材料只是木石泥沙，他们的工具只是斧凿锯锤，他们的理想只是营营生存，他们却用自己的技艺演绎出精美的建筑作品。用木石表现古典的繁复，用泥水铺砌皇家的严谨，用桥梁架设诗画的意境，用园林凝固文人的理想。

"香山帮"是一个集木作、水作、砖雕、木雕、石雕、漆饰等多种工艺的建筑营造群体。具有建筑工程整体营造能力。在长期的建筑实践中，形成了色调和谐、结构紧凑、制作精巧和布局机变等独特风格，成为中国古建筑的一支经典流派。

今天，在中国建筑工业出版社的发起下，苏州重元香山营造有限公司组织有关编写人员和校审专家出品了《苏作匠心录丛书》之"古建筑技工培训考试用书"，全套5本，包括《古建筑木工（木作技艺）》、《古建筑瓦工（水作技艺）》、《古建筑砖细工（水作技艺）》、《古建筑假山工（假山技艺）》、《古建筑油漆工（漆作技艺）》，希望能为我国的传统建筑营造事业和技艺、技术人才队伍的传承、培养贡献绵薄之力！

由于编者、校者水平有限，一定会存在错误与缺陷，望广大专家、读者及时指正为盼！

目　　录

1　古建筑砖细工（水作技艺）概述

教学目标

    掌握"水作"、"八大作"、"瓦作"、"泥水匠"、"砖细"、"砖雕"等概念的基本定义；了解这些概念的形成和演变过程；对香山帮"水作"技艺的范畴和形成过程有大致了解。

1.1　水作技艺概述

    "水作"是香山帮技艺中一个比较宽泛的技艺范畴，也是香山帮及所有古建筑中一项非常重要的技艺工种。在香山帮形成初期，其工种划分只有"木作"、"水作"和"小工"等少数几个工种，因此人们在实际操作过程中，将凡是要用到水和泥的工作都统称为"水作"，从事"水作"的工人在香山帮中也称为"泥水匠"（泥水匠的操作场景示意见图 1-1～图 1-4）。

图 1-1　苏州园林博物馆中　　　　图 1-2　苏州园林博物馆中
　　泥塑的瓦工砌墙场景　　　　　泥塑的瓦工拌纸筋、粉墙场景

随着香山帮技艺的不断发展和成熟，"水作"的内容得到了

图 1-3 苏州园林博物馆中 　　图 1-4 苏州园林博物馆中
泥塑的瓦工碎石铺地场景 　　　泥塑的瓦工夯实地基场景

进一步细分，很多技艺工种都从原来工种中独立出来，逐渐形成了古建的"八大作"。所谓"古建八大作"具体而言一般是指"木作、瓦作、土作、石作、搭材作、油漆作、彩画作和裱糊作"这 8 大工种。不过这样的工种分类也仅限于清末时期北方古建行业所使用，南方的香山帮匠人并没有"八大作"的叫法。根据现在南方地区通用的古建筑技术培训课程所开设的科目来看，大致可以分为木作、瓦作、木雕、砖细、砧刻、石雕、油漆、泥塑、彩画、假山和砌街 11 个培训工种，其中的砖细工、堆塑工、砧刻工和砌花街工都属于"古建筑瓦工"范畴，这四个工种也是作为一名香山帮"泥水匠"所必须掌握的技术要领。

水作工种在香山帮中占有十分重要的地位，过去它是仅次于"木作"的第二大工种，香山帮的"泥水匠"供奉张班为祖师。据说张班是和鲁班同时代的人，这样说来，张班的生活年代要比香山帮公认的木匠祖师爷蒯祥要早很多。由此可见，张班和鲁班一样，应该是所有建筑瓦工的祖师爷，并不是香山帮特定的祖师爷。但此种说法也未见有确切的考证，仅存此一说。

如今由于将水泥砂浆的操作技术归入"泥水匠"工种，并且水泥砂浆的应用在建筑中显得越来越重要，使得"泥水匠"的作用在香山帮中也越来越重要，在某些工程中"泥水匠"的作用甚至超过了"木匠"（泥水匠的操作场景实例见图 1-5～图 1-9）。

图 1-5　旧照片中瓦工制作构件情景

图 1-6　瓦工搅拌水泥情景

图 1-7　旧照片中瓦工平准地基情景

图 1-8　瓦工们在室内粉刷情景

图 1-9　瓦工在屋面铺瓦情景

　　"泥水匠"工种在香山帮中是最辛苦的工种，它不但有很多繁重的体力活还要长期在室外进行露天作业，有时为了使下一道工序的按时进行，"泥水匠"们必须在严寒酷暑的环境下完成工作，因此，在香山帮工匠中流传着这样一种说法，叫做"前世里死忒亲爷（爹）娘，今世里落得个泥水匠。二月里响乘风凉，六月里响孵（晒）太阳"，香山帮"泥水匠"工种的工作辛苦程度可见一斑。

1.2　砖细与砖雕的概念

砖细和砖雕在香山帮工种中都属于"瓦工"范畴。但是这两者之间还是有很大区别的：砖雕主要是突出雕刻技艺，砖雕指在青砖上雕出山水、花卉、人物等图案的一种特殊技艺。最早砖雕是包含在砖细工种中的，后来渐渐从砖细中脱离出来，形成了一种单独的工种。砖细，也称为"细砖"，顾名思义，就是在砖的基础上再进行细致的加工，由此生成的物品即为砖细。在我国古代建筑中，由于历史、社会等条件的制约，砖细的发展受到很大的限制。尽管如此，砖作为建筑材料中的主要原料，它不但承担着堆砌墙体的作用，还被许多能工巧匠作为原材料来解决其他实际问题，如室内外的装饰装潢，园林等建筑物的艺术化处理等等。

古代工匠在劳动实践中，认识到砖这种材料具有防潮、防腐的特点，所以在建筑过程中，在具体的潮腐重点处所，大多利用砖或砖细来进行制作和装饰，这都反映了我国古代劳动人民的非凡智慧。

砖细工使用的材料主要是各种砖，我国在两千多年前就有了生产砖的技术，那时的砖由于取土、焙烧等技术还不太成熟，砖的质量还是比较粗糙的，所以，也就很少有由砖组成的更细致的产品。到了秦汉时期，制砖业已有了很大的发展。据记载，秦朝时已经出现了质量较高的砖，名震寰宇的万里长城即为有力的明证。砖的质量提高以后，在砖上做起文章来也就有了一个良好的基础。于是，人们把最原始的设想逐渐扩大化。对于砖的利用，最原始的设想只是为了堆砌墙体以承重屋面和防风雨、防野兽为主要目的，而等到砖的质量有所提高时，古人便把砖打磨平整、光洁，甚至于在砖上施以各式或深或浅的雕刻。这时的"砖"已经不再是原始、粗糙的砖了，它摇身一变，更名为"砖细"。

复习思考题

1. 填充题

（1）在实际操作过程中，将凡是要用到水和泥的工作都统称为（水作），从事"水作"的工人在香山帮中也称为（泥水匠）。

（2）水作工种在香山帮中占有十分重要的地位，过去它是仅次于（木作）的第二大工种，香山帮的"泥水匠"供奉（张班）为祖师。

2. 选择题

（1）砖细和砖雕在香山帮工种中都属于"瓦工"范畴。但是这两者之间还是有很大区别的：（A）主要是突出雕刻技艺，指在青砖上雕出山水、花卉、人物等图案的一种特殊技艺。最早砖雕是包含在砖细工种的，后来渐渐从砖细中脱离出来，形成了一种单独的工种。

A. 砖雕　　B. 砖细　　C. 砖刻

（2）对于砖的利用，最原始的设想只是为了（B）以承重屋面和防风雨、防野兽为主要目的，而等到砖的质量有所提高时，古人便把砖打磨平整、光洁，甚至于在砖上施以各式或深或浅的雕刻。这时的"砖"已 经不再是原始、粗糙的砖了，它摇身一变，更名为"砖细"。

A. 雕刻花纹　　B. 堆砌墙体　　C. 打砸野兽

3. 简答题

砖细的概念。

答：砖细是对于砖的利用。最原始阶段只是为了堆砌墙体以承重屋面和防风雨、防野兽为主要目的，在砖的质量得到提高时，古人便把砖打磨平整、光洁，甚至于在砖上施以各式或深或浅的雕刻。这就是"砖细"。

2 砖细应用范围及历史演变

教学目标

了解砖细的应用范围，掌握砖细在楞枷寺塔、虎丘塔、古胥门以及现代建筑中的实际应用；掌握砖细的起源、发展和繁荣阶段的不同表现及形象特征。

2.1 砖细的应用范围

2.1.1 古今首选的装饰材料

中国从两千多年以前的春秋时期开始，已用砖铺地，这一方法一直沿用至今，成为中国古代建筑中的一个传统方式。

我国古代，由于受各种原材料的限制，砖是最为普遍应用的建筑材料和装饰材料。目前，人们在建筑上已经使用了很多种新材料。然而回头一看，用了几千年的砖，风韵犹存。因此，有人开始在那破旧的老屋子上，把许多古砖瓦拆下来，用以点缀现代建筑物，古今浑然一体，顿生古朴的悠悠韵味和旷世的美感（图 2-1）。清水细砖那黛青色的柔光，产生出一种沧海桑田的恢宏。

图 2-1 砖细在现代建筑中的室内应用

驻足于砖细产品装饰的建筑物之前，人们仿佛置身于一个古老的世外桃源，忘却了尘世间的一切烦恼；抚摸古色古香的砖细作品，更是犹如畅饮了一壶醇香的美酒，令人陶醉。

1933 年，苏州洞庭东山富商席氏，耗巨资在今苏州图书馆新馆址兴建仿古宅院——天香小筑。它的屋宇东西合璧，分南北三进，有回廊相连，间隔成两重小院。细磨砖砌门洞，显得美轮美奂（图2-2）。

图 2-2　天香小筑的屋宇和回廊

2.1.2　在古代建筑中的重要地位

砖细作品的历史地位，用一个例子就足以说明它的辉煌。在历史上各代皇帝的金銮殿上，铺地所用的主要材料均是砖细（图2-3）。可想而知，砖细所代表的品质是何其高贵！

笔者为了把人们带入一个黛青色的古代田园世界，屡次走入明清古宅。沿着宏伟而精致的大墙门，纵览青砖镶嵌出的繁华界地，古色古香的窗宕、门套、地穴等物鳞次栉比（图2-4），古人用砖精心构筑了一个又一个温馨的家园。其中较为著名的有紫雾缭绕的砖细塔佛寺、气势磅礴的砖细古城门等。

1. 楞伽寺塔

图 2-3　太和殿内景

图 2-4　耦园的砖细窗宕

楞伽寺塔俗称上方塔，位于苏州石湖上方山顶，1963年被列为苏州市文物保护单位（图2-5）。楞伽寺早废，明代以后即改建五通神祠，现存殿堂系晚清遗构。祠内存明崇祯十三年（公元1640年）《重修上方宝塔碑记》石刻一方。

据清同治《苏州府志》载，楞伽寺塔系隋大业四年（公元608年）吴郡太守李显创建。司户严德盛所撰塔铭云："以九舍利置其中，金瓶外重。留诸弗朽，遇劫火而不烧；守诸不移，漂劫水而不易。"隋塔虽经唐咸通九年（公元868年）重修，仍难免废毁。现塔为北宋太平兴国三年（公元978年）重建，虽未见志书记载，但有宋塔结构特征和塔壁所存"太平兴国三年戊"、"寅岁重建"、"楞伽宝塔"等塔砖铭文可考。

楞伽寺塔系砖结构，外观仿楼阁式木塔，八面七级。现高约23m，层高依次递减，平面大小相应收敛，比例尚称合度，外观挺拔玲珑。塔底层边长2.4m，原有副阶周匝，早已圮坏，仅存石础与宽约2m的台基。第二层现无檐，自第三层起设腰檐、平座。每层塔壁四面辟壶门，另四面仅隐出壶门形装饰，壶门两侧依柱，进门为过道，其顶以砖叠涩成藻井。过道以内为塔室，一、二层为小八角形，三层以上为方形，中无塔心柱，亦无楼板、扶梯，惟第四层横有棱木。各层塔壁外转角处均砌出圆形倚柱，上承阑额和由额，无普拍枋。一、二层额枋上现无斗栱，三层以上隐出"一斗三升"转角铺作及每面一朵补间铺作，栌斗作方形。斗栱上承撩檐枋，其上为斜面托檐，再上以菱角牙子和板檐砖各三层相间叠涩悬挑出檐，转角处略呈反翘，上施瓦垄垂脊，檐口轮廓圆和，脊端起翘，显出江南建筑风格。各层平座亦以叠涩砖挑出。塔刹已残缺，近代重修时杂套成葫芦形宝顶。

塔室壁面以叠涩法逐层向中心收敛，各层塔室平面方位作45°错叠配置，壶门的位置亦随塔室而逐层交替。这种"错角结构"与建于太平兴国七年的罗汉院双塔雷同，是江南宋塔特有的一种结构方式。此塔虽经明崇祯十年至十三年重修，民国时也维修过，并于底层东向正门前增构短庑，外貌有些改观，但主体

图 2-5　上方山楞伽寺塔全貌

结构仍为宋代遗存，现状尚称完整，是研究唐宋期间砖塔演变的一处实物例证。1962 年曾调查塔的现状。1963 年小修，加固塔体，并安装避雷针。1993 年铺砌塔基平台，并加筑砖墙护塔（图 2-6、图 2-7）。

图 2-6　修复前的楞伽寺塔

图 2-7　楞伽寺塔局部

楞伽寺塔耸峙于上方山巅，下临石湖，玲珑塔影与明山秀水相映，有画龙点睛之妙（图2-8）。明代文学家袁宏道称上方山"如披褐道士，丰神特秀"。清代思想家龚自珍在他的《己亥杂诗》中也有一首咏上方山七绝"拟策孤筇避冶游，上方一塔俯清秋；太湖夜照山灵影，顽福甘心让虎丘。"

2. 虎丘塔

虎丘素有"三绝九宜十八景之胜"，最为著名的是云岩寺砖塔和剑池。高耸入云的云岩寺砖塔，俗称"虎丘塔"，已有一千多年的历史，是世界第二斜塔，古朴雄浑，早已成为古老苏州的象征（图2-9）；剑池幽奇神秘，埋有吴王阖闾墓葬的千古之谜以及"神鹅易字"的美丽传说，风壑云泉，令人流连忘返。到苏州旅游的人，往往是未抵苏州城，先见虎丘塔，此塔因而历来被视为苏州的标志和象征。虎丘塔始建于五代后周显德六年（公元959年），虎丘山仅34m高，而这座古塔却高达47.7m，形成"塔比山高"的独特景观。此塔也是苏州市现存的年代最为久远的建筑。从明朝起，虎丘塔即开始倾斜，至今，塔身最大倾角为3°59′，成为"中国第一斜塔"。

图2-8　晨光中的楞伽寺塔　　　　　图2-9　虎丘云岩寺塔

1961年，虎丘塔成为苏州市首批国家级保护文物。出于保护考虑，从1975年开始，风景区便不再允许游客进入虎丘塔。经过17年来对虎丘塔的跟踪观察，国内外专家已肯定了多年来维修、加固的成绩。（图2-10、图2-11）最近虎丘塔又进行了一次维护保养，消除了许多危险隐患，使塔的底层已有重新开放的可能性。届时，广大旅游爱好者将一睹这座千年砖细塔的神秘容颜。

图 2-10　维护前的虎丘塔

图 2-11　虎丘塔内部倚柱、
斗栱及彩绘

3. 苏州千年古胥门

带着水渍烟熏的痕迹，苏州千年古胥门正在大修。据史料记载，环绕苏州的城墙最早是伍子胥于公元 514 年始建，位于古城西城墙中段的胥门，相传因伍子胥生前居于此地，死后头颅悬于此门而得名（图 2-12）。最早的古胥门毁于宋代，现存城门重建于元代至正十一年。在姑苏城 2500 年的历史中，城墙由土筑到砖砌，由薄垣变厚墙，在历朝历代的战火中屡建屡毁，屡毁屡修，但到了 20 世纪，由于各种原因，它不断遭到破坏，并于 20 世纪 50 年代末大规模消失。20 世纪中期，苏州胥门地区成为平民居住区，一些家庭开始借古城墙为壁搭建房屋，之后越建越多，越建越高，最终使一段古城墙淹没其中，也在无意中使一段

图 2-12 千年古胥门

珍贵的古城墙得到意外留存。

　　2001年苏州对该地段进行防洪建设及环境绿化改造,拆除民房,市文管会、苏州博物馆再次对瓮城进行发掘清理,揭露出瓮城墙、瓮城门、瓮城内道路等。如今的古胥门,饱经沧桑,青藤盘绕,城门东面"胥门"二字已毁,但横额尚存,古朴的砖雕边花奇迹般地保存完好(图 2-13)。西立面城门横额尽毁,仅存城墙基座。北段城垣已毁,老城墙之上为八五砖、乱石混砌女儿墙。瓮城仅存城墙墙基。古胥门修复工程是苏州还古城风貌保护工程的一个组成部分,将修复城门横额"胥门"二字周边砖细、雕花;并修复城台上部分女儿墙等,本着"修旧如旧"的原则,重塑历史辉煌,将城墙、瓮城和周围古桥开辟为旅游景点,为2500年古城增辉(图 2-14)。

图 2-13　完好保存砖雕边花的胥门横额

图 2-14　完成修复的
　　　　胥门古城墙马道

砖雕艺术在明清时期大为盛行，一度成为"士大夫"阶层专享的建筑物珍品。江南第一门楼——苏州网师园门楼，以及清代江苏按察使李鸿裔的豪宅，均为国家级保护文物，上面所镶嵌的砖雕作品，更堪称中华古文明之极品（图2-15）。

图2-15　被称为"江南第一门楼"的苏州网师园"藻耀高翔"门楼

2.1.3　在现代建筑中的实际应用

苏州有着悠久的历史，物华天宝，人文荟萃，用"人间天堂"来形容绝不为过。历代的建筑师，都凭着深厚的文化底蕴在创作着精妙绝伦的建筑（图2-16、图2-17）；历代的许多文人墨客，达官显贵，也在用他们的聪明才智，不断更新建筑理念，同设计者一起构思规划；现代的建筑师们，以他们特有的眼光，充分发掘古代建筑艺术中的闪光点，并且不断地加以更新创造，建造出众多美妙无比的建筑物。为苏州这个"全国著名旅游城市"加上了一个重重的砝码。因此，在现代建筑中，砖细产品具有非常实际的应用价值，主要适用于豪宅、宾馆、茶楼、酒店、园林等高层次的建筑物，可以用来装饰门楼、墙壁、窗台等部位。由于砖细产品耐风雨、耐腐蚀，千年不坏，而且古雅、庄重，增加品位，所以目前社会上越来越多的人选择使用砖细产品来装修。

现代社会发展迅猛，建筑业日新月异，材料不断更新，先后出现了铝合金、不锈钢、镀锌管等各种金属架构。但人们的建筑装潢的心理态势，也在发生着微妙的变化。崇尚自然、古朴、典雅、神韵等各种品味。而砖细作品恰恰能在最大限度上满足这些需求。它利用古今结合的技术进行锻造，因而坚固耐用，其古色古香的外表，更透露着古风古韵。丰富的人文内涵，令人遐想万千，忘却一切杂念愁烦，只觉得身在山水之间，深得自然之趣。宠辱不惊，看庭前花开叶落；去留无意，望碧空风卷云舒。

图 2-16　耦园的"诗酒
　　　　联欢"门楼

图 2-17　沧浪亭的汉代砖雕

　　砖细取材于自然，成品后也最贴近于自然，其无任何公害的特点毋庸置疑。今后，由山、水、土、石、绿地、阳光、空气等要素组成人们追求的理想家园。好的住宅不仅提供人们基本的生活居住条件，而且对人们的修身养性、培养情操、卫生文明有着重要的作用。砖细产品在朴实自然中蕴含丰厚的人文色彩，它那返璞归真的境界，最符合当今人们在建筑、装饰方面的需求，砖细在现代建筑中的地位正逐步提高，其实际的应用范围也正在迅速扩大。

2.2　砖细的历史演变与发展

2.2.1　起源

　　砖细的起源应追溯到画像砖的形成和发展。

　　古代建筑物或墓室壁面上的画像砖，是建筑结构的一部分，又是一种室内装饰画。根据考古发现，战国已经有所生产，秦代有所发展，两汉为盛期，以后逐渐减少。表现形式为阳刻线条、阳刻平面、浅浮雕等相结合。已经出土的画像砖有秦代龙纹砖、秦代凤纹砖，汉画像墓砖，弋射收获画像砖（图 2-18），汉代小车画像砖，汉市井画像砖，汉人代骑吹画像砖，汉代丸剑宴舞画像砖，汉代斧车画像砖，竹林七贤画像砖，模印拼嵌画像砖，邓州市画像砖，唐代载物骆驼画像砖，北宋画像砖，北宋漆器画像砖，北宋烹茶画像砖，北宋斫鲙画像砖等。此处仅举一例说明，北宋结发画像砖（图 2-19），为宋代砖雕珍品。原系定海方若旧藏，传系河南偃师出土。现藏中国历史博物馆。砖为青白色，质地细腻，坚硬如石，长 37.3cm、宽 11.3cm、厚 2.1cm，一高髻妇女，穿宽领短上衣，长裙系花穗长带，胸前露有精细的斜格衬衣，足穿云头鞋。侧身站立，正在结发，似乎已经完成了全部梳妆程序。画像比例合度，姿态俊俏，生动传神。砖为雕刻，刻工精练。风格清新，为宋代画像砖的佳作。

图 2-18　汉砖弋射收获画像砖（拓片）　　　图 2-19　北宋结发画像砖

　　画像砖大都是模印砖坯，亦有直接刻于砖上，有的施加彩色，有方形、长方形等几种，多数为一幅画面，亦有上、下分几幅画面的。内容有割禾、制盐、采莲、弋射，以及宴饮、歌舞、古戏、车马出巡、神仙故事等等。构图富于变化，造型简练生动。画像砖大都发现于四川的东汉墓中。河南和长江中下游的南朝墓中也有发现，但多用小砖拼成一个画面，内容多为人物和装饰图案等（图2-20）。后代园林建筑等也用画像砖，大都是浮雕和圆雕的结合。

图2-20　南朝"郭巨埋儿"彩色画像砖

砖坯刻画后入窑烧制，嵌砌时再进行修刻而定型的，如云南昭通市出土的一块汉画像砖，雕刻技术已相当完美；河南邓州市墓中的画像砖，雕刻了汉魏六朝乐队演奏的形象，神态极为生动（图2-21）；河南安阳县修定寺唐塔，四壁用各种形式的砖雕嵌砌而成。图案有力士、伎乐、滚龙、飞雁、帷幔、花卉，以及仿木建筑结构的门拱等20余种，全塔壁饰雕刻经过周密的设计，浮雕层次分明，虽然全是单色的青砖雕刻，但由于雕面高低起伏产生的明暗效果，却给人以丰富多彩的感觉。砖面有蘑布纹，砖侧有刻字和纹饰，质地细腻而坚固，风格古朴典雅，亦可略见其所具有的刻制工艺水平。

虽然，汉画像砖大部分用作墓窟的壁饰，后来随着封建社会生产力的发展，特别在隋唐时期佛教的盛行，砖细被广泛地用到寺庙、佛塔等建筑上，但从目前大量存在的明代建筑的砖细上，仍然不难找到与汉、唐时期砖细的渊源关系。单是在模制砖坯烧成加刻这一点上，就足以证明砖细起源于汉画像砖。

2.2.2　发展

南北朝时期，江南地区的经济已超过北方。唐宋以后苏州手

图 2-21　河南邓州市墓中的画像砖，雕刻了汉魏六朝乐队演奏的形象

工业、商业渐趋繁荣，苏州在宋代已是经济、文化名城了。明朝中叶，商人资本空前活跃，许多富贾巨商、达官显贵，已拥有雄厚的经济实力，为巩固经济上的地位，极力培养子弟读书至仕。因此，苏州历代中仕的人极多，达官显贵，才子墨客不乏其人。退隐或谪居的士大夫阶层也看重苏州地区宜人的气候，秀美的自然景观，发达的商业、经济、文化和水陆交通，大多集资置地建宅，抑或另造别院，修整雕琢完善，追求人与自然和谐统一。这些更增加了苏州地区的景物之美、人文之胜的涵养蓄积。

上述人物，或寄情于自然景物，或为光宗耀祖，造福子孙，集资兴建了祠堂、庙宇、书院、学馆、厅堂、园第等，并极力追求体制上的富丽堂皇，博大精深。这时期砖雕作品广为运用，门楼、屏风、墙壁、栏柱、门窗等遍及。苏州砖雕在当地建筑中，明清时期已经形成它独有的普遍性的建筑装饰风格。

历代官绅、商贾大兴土木的同时，客观上也培植了一大批建筑方面的能工巧匠，同时也相应地满足了广大群众学艺谋生的愿望。因此，土木石工，世其业者，代代有人。苏州古时营造组织有闻名全国的香山帮，该帮在江南风格的园林建筑各帮派中，赫赫有名。他们大多子承父业，散布在省内外各个建筑系统里，与外地工匠和建筑艺术者不断交流、发展，精益求精。其中有许多人在园林建筑单位负责砖细各工种（图 2-22、图 2-23）。

图 2-22　苏州的砖雕门楼　　　　　　图 2-23　砖细花窗

综上所述，苏州砖细的雏形，来源于画像砖。唐宋以后发展加速，尤其是明清时期，商业、经济蓬勃发展，文化教育事业发达，各种人才突起，为适应达官显贵、大贾富商、墨客骚人等长期构筑宏丽精致的祠宇园庭的需要，砖雕工艺日趋精湛。从早期的简单、粗犷、朴素的纹样，逐步演变到后期的繁复、细致、华丽的结构；形成了独特的艺术风格——苏式砖雕艺术风格。

2.2.3　繁荣

砖细这种民间工艺，从宋代的雕砖产生年代算起，至少也有一千多年的历史，是劳动人民为适应生活需要和审美要求，就地取材而创作的，它具有深厚的群众基础。新中国成立后，党和人民政府对发展传统的民间工艺做了大量工作。党的十一届三中全会以来，各项事业蓬勃发展、欣欣向荣，旅游业和园林建设业方兴未艾。2010 年世界博览会将在中国上海举行；古老的砖雕是参展项目之一（图 2-24）。

砖细的实际运用范围正日益扩大。除了古典式园林建筑的屋面，门楼，门罩，回廊的窗，景门上的门楣，漏窗间的嵌画，屏风墙角花，以及水榭、阁、厅堂、亭台等处，都可根据要求，灵活设计，收到装饰美的艺术效果。

随着社会主义两个文明建设的迅速发展，砖雕艺术必将以它"取材简易，坚固耐久，内容丰富，形式多样，雅俗共赏"等优点，更广泛地进入人民群众的生活，它将会与其他传统工艺美术

图 2-24　2010 年上海世界博览会上香山帮技艺传承人现场展示砖雕技艺

一样，通过艺术实践的不断革新，创造出更新、更完美的时代风采。

复习思考题

1. 填空题

（1）中国从两千多年以前的（春秋）时期开始，已用砖铺地，这一方法一直沿用至今，成为中国古代建筑中的一个传统方式。

（2）1933 年，苏州洞庭东山富商（席氏），耗巨资在今苏州图书馆新馆址兴建仿古宅院（天香小筑）。它的屋宇（东西合璧），分南北（三进），有（回廊）相连，间隔成两重（小院）。（细磨砖砌）门洞，显得美轮美奂。

（3）历史上无论是各代皇帝的（金銮殿）上，还是明清古宅里古色古香的（窗宕）、门套、（地穴）等装饰，所用的主要工艺均是（砖细）。古人用（砖细装饰）精心构筑了一个又一个温馨的家园。

（4）苏州著名的砖细塔佛寺如（虎丘塔）、（上方山楞伽寺塔）、还有气势磅礴的砖细古城门如（古胥门）等都是香山帮砖细工艺的经典之作。

2. 选择题

（1）砖雕艺术在明清时期大为盛行，一度成为"士大夫"阶层专享的建筑物珍品。江南第一门楼（B），以及清代李莲英的豪宅，均为国家级保护文物，上面所镶嵌的砖雕作品，更堪称中华古文明之极品。

A. 耦园门楼　B. 网师园门楼　C. 东山雕花楼　D. 潘世恩宅雕花楼

（2）在现代建筑中，（D）产品具有非常实际的应用价值。主要适用于豪宅、宾馆、茶楼、酒店、园林等高层次的建筑物，可以用来装饰门楼、墙壁、窗台等部位。能耐风雨、耐腐蚀，千年不坏，而且古雅、庄重，增加品位，所以目前被社会上越来越多的人选择使用。

A. 油漆　B. 石膏　C. 砖雕　D. 砖细

3. 是非题

（1）砖细的起源应追溯到画像砖的形成和发展。古代建筑物或墓室壁面上的画像砖，是建筑结构的一部分，又是一种室内装饰画。　　　　　　　　　　　　　　　　　　　　　（√）

（2）画像砖大都是模印砖坯，亦有直接刻于砖上，古代的砖雕都是不施彩色的，形状有方形、长方形等几种，多数为上、下分几幅画面的。内容有割禾、制盐、采莲、弋射，以及宴饮、歌舞、古戏、车马出巡、神仙故事等等。构图富于变化，造型简练生动。　　　　　　　　　　　　　　　　　　（×）

（3）后代园林建筑等也用画像砖，大都是浮雕、平雕和透雕的结合。　　　　　　　　　　　　　　　　　　　　　（×）

（4）雕的制作一般是：砖坯刻画后入窑烧制定型，嵌砌时不需要再进行修刻了。　　　　　　　　　　　　　　　　（×）

（5）汉画像砖大部分用作墓窟的壁饰，后来随着封建社会生产力的发展，特别在隋唐时期佛教的盛行，砖细被广泛地用到寺庙、佛塔等建筑上，但从目前大量存在的明代建筑的砖细上，仍然不难找到与汉、唐时期砖细的渊源关系。单是在模制砖坯烧成

加刻这一点上，就足以证明砖细起源于汉画像砖。　　　　（√）

（6）苏州在隋代已是经济、文化名城了。南宋时期，商人资本空前活跃，许多富贾巨商、达官显贵，已拥有雄厚的经济实力，为巩固经济上的地位，极力培养子弟读书至仕。因此，苏州历代状元人数极多，达官显贵，才子墨客不乏其人。　　　（×）

（7）苏州砖雕在当地建筑中，宋元时期已经形成它独有的普遍性的建筑装饰风格。　　　　　　　　　　　　　　　　（×）

（8）在2010年上海世界博览会期间，香山帮技艺传承人钱惠琪在世博会苏州馆现场展示砖雕技艺，得到参观者的一致好评。　　　　　　　　　　　　　　　　　　　　　　　　（√）

4. 简答题

（1）简述上方山楞伽寺塔的结构和外观

答：楞伽寺塔是仿楼阁式木塔，八面七级。层高依次递减，外观挺拔玲珑。塔底层原有副阶周匝，现已圮坏。第二层现无檐，自第三层起设腰檐、平座。每层塔壁四面辟壸门，另四面仅隐出壸门形，壸门两侧有柱，进门为过道，其顶以砖叠涩成藻井。过道以内为塔室，一、二层为小八角形，三层以上为方形，中无塔心柱，亦无楼板、扶梯，惟第四层横有棱木。各层塔壁外转角处均砌出圆形倚柱，上承阑额和由额，无普拍枋。一、二层额枋上现无斗栱，三层以上隐出"一斗三升"转角铺作及每面一朵补间铺作，栌斗作方形。斗栱上承撩檐枋，其上为斜面托檐，再上以菱角牙子和板檐砖各三层相间叠涩悬挑出檐，转角处略呈反翘，上施瓦垄垂脊，檐口轮廓圜和，脊端起翘，显出江南建筑风格。

（2）简述"健康住宅"的特点

答：健康住宅是指材料取材于自然，成品后也最贴近于自然，其无任何公害的特点毋庸置疑。伴随着四季变化的景观、全部朝阳的房间、穿堂风、对流风的设计、小区的无障碍设计、居民的定期健康检查等。健康住宅除了十分重视居住区环境的建设，更重视内在"品质"的提高。

（3）简述苏式砖雕的形成过程和艺术特点

答：苏州砖细的雏形，来源于画像砖。唐宋以后发展加速，尤其是明清时期，商业、经济蓬勃发展，文化教育事业发达，各种人才突起，为适应达官显贵、大贾富商、墨客骚人等长期构筑宏丽精致的祠宇园庭的需要，砖雕工艺日趋精湛。从早期的简单、粗犷、朴素的纹样，逐步演变到后期的繁复、细致、华丽的结构；形成了独特的艺术风格。

3 砖细材料的制造方法

教学目标

了解砖的制造方式，熟悉制砖过程中的制坯、焙烧等环节的操作，对从土坯到成砖的全过程有深入的了解。

3.1 制　　坯

3.1.1 材料的选用

用黏土来作制砖的原料，已有几千年的历史。由于黏土的质量，因地区和埋深的不同而不同，因而在选择上也存有差异。古代人经过长期的实践，已总结了很多的经验。首先，在选定窑址的时候，对周围的土质要作认真的勘察。地壳经过了几亿年的裂变，土壤部分同其他矿藏一样有它自己的特征与规律。选一个好窑址，首先要远离村落，以防止炉灰对周围的居民生活造成影响，这说明古代人已有了很强的环保意识。第二，应方便运输。故一般靠近大河边上，以便于船运。第三，也是最重要的，要有好的土壤资源能供长期使用（图 3-1）。在土质的考察上，制砖

图 3-1　古代的砖窑遗址

者一般取含铁量比较高的土壤作为原料,这种土壤苏州人俗称为"铁硝黄泥"。

3.1.2 沥浆

做细砖所用的砖不同于一般叠砌墙体所用的砖。因为它是一种装饰材料,要进行更多的精雕细作。因此,这种对砖的前道工序——制坯的要求就非常严格。

首先,要把硬质的泥块打成泥浆。在古代,人们先将泥运到一片大的场地上,捡去硬杂块,然后灌水,用耕牛践踏,将所有的泥块踏碎,用筛网将泥浆滤出(图3-2)。第一个步骤才算完成。第二步是将已踏碎的泥运到一个用砖砌成的大池里灌水,用人工搅和,使之变成泥浆状。第三步,将砖砌池的放泥孔打开,并在放泥孔的下面垫上用竹篾编成的过滤筛两道。第一道也就是上面的一道过滤筛,比较粗一点,下面一道就比较细。也有通过筛网铺设在水池上进行直接过滤的(图3-3)。如此让泥浆流入"停放池"内,以确保泥浆的细腻。这时要注意的是保证温度,气温在零度以下时,要用柴草等物覆盖,严防结冰。

图3-2 制砖工人筛选泥土的雕塑

图3-3 砖砌大池中
用筛网沥浆

数月后,"停放池"内的泥浆已经结成泥块。这时,要注意控制泥块的软硬度,掌握在可塑造的程度以内。这时可以把池内的泥取出来备用。要注意的是池底部分要留三寸左右,有杂质的不能用,池底杂物,下次还可以作为粗料使用。泥自池内取走后,应将其全在一处,夯实,用牛皮纸封起来,待用。

3.1.3 制坯

封存四个月以上,等泥充分的"熟透",这时才能开始做坯。在做坯前还有一道关键的工作,即把熟泥做成泥墩子。泥墩子的大小取决于以后要做的泥坯的尺寸。泥墩子的做法是:先用木板做成一只能灵活安装的木桶,用扣件将其箍牢。将熟泥沿线放入桶内,一边放泥入桶一边将其逐层夯实。夯实过程中,要让泥有夹层,使整桶的泥变成一体的大砖坯。木桶是根据所需砖坯的规格制作的。但木桶要比砖坯规格大二寸左右(注:本书的寸全部采用鲁班尺作为计数单位,一寸大约等于 2.8cm)。下面开始制坯。制坯又需要一个模子。模子是用木头做的(图3-4~图3-6)。

图 3-4 木制的砖坯模子　　图 3-5 砖坯模子　　图 3-6 砖坯模子
　　　　　　　　　　　　　　侧面(一)　　　　　侧面(二)

有了这制坯的模子,木桶打开后,只要从泥墩子上将泥取下,放到坯模里就可以完成。但取泥还得有一工具,这是一张弓,有了这张弓,把泥取下来就变得十分容易而准确(图3-7)。

将泥投入泥坯模,夯实,拆开坯模,一块泥坯即已成型(图3-8、图3-9)。然后把成形泥坯停放在事先准备好的停坯条上。停坯条的制作方法:在一片空草房的泥地上,下挖3寸,铺上寸许的生石灰,再用泥覆盖,这样就变成了平整的一片。然后在这

图 3-7　一张弓

平地上做上泥梗，泥梗高出平地 5 寸。生石灰是防虫的，泥梗是防水的，这样把泥坯放在泥梗上，算是走完了最关键的一步。

图 3-8　砖坯制作过程（一）　　图 3-9　砖坯制作过程（二）

3.1.4　泥坯的保养

泥坯的干燥需要几个月的时间，尤其是我们用的沥浆泥，结构细密，脱水也是在这个过程中完成的。我们还需用苏州传统的设施和方法去保管它，要有既通风，又密封好的房舍（图3-10）。通常采用柴草屋顶，一是比较经济，二是能防晒、防冻。柴草屋四周用脱落式的草帘，当一屋子泥坯放满后，要注意天气的变化、湿度的大小，尤其要注意湿度的变化。一定要准备好能活动的草帘。当天气干燥的时候，在草帘上洒水，挂在里面，增加它的湿度，防止泥坯开裂；当气温降到零度以下的时候，整个干燥房要密封起来。为了保证泥坯不结冰，要用超级草帘等物覆盖。

如果发现泥坯有稍许的裂缝，要看它引起的原因。如果是冰裂的，那泥坯就要废弃。如果是燥裂的，可以用竹片把裂缝填实，并在离裂缝两寸许的周围加稍许的水上去。使周边的泥膨胀一些，来帮助裂缝的合拢。

泥坯停放在干燥房后，要不断地翻动。泥坯停在坯梗上，受风的作用，两面的干燥速度不同，会造成弯翘，如果稍稍弯翘，可以用木棒敲击，但这种方法只能在泥坯没有完全脱水的情况下进行。泥坯停放时是侧放的。

图 3-10　泥坯放入干燥房风干

干燥时要上下翻动，以防止下面受力部分收缩慢而产生开裂。

当泥坯已经基本脱水，就要把它叠放起来，以防止再次受潮，这时离进窑还有一段时间。叠好以后，要把它摆放好，但不要封闭，以保证它能完全脱水。

3.2　焙　　烧

3.2.1　窑炉

也不知从什么时候开始，形成了像我们现在能看到的窑。千百年来用于烧制砖瓦，且烧出来的东西是黛青色的，看上去很美观。这种窑，我们称它叫"小窑"（图 3-11）。

是否因为有了大窑，才称它叫小窑，已不得而知。但近几十年，确实有了大窑。大窑就是现在的窑——轮窑（图 3-12），即轮换着装进去砖坯并且做出成品，那家伙可真是个"庞然大物"，制砖的速度很快。相比之下，我们称为小窑的，真的是小得多了。

图 3-11　烧制砖瓦的小窑　　　　　　　图 3-12　轮窑

俗话说，"尺有所短，寸有所长。"世上绝不会因为有了大象而没有了蚂蚁。说起来，小窑真是"命不该绝"。现在的许多古建筑，在进行修造的时候，都不得不去访问小窑，尤其是近年来，大量的古建筑修造，使得那些默默无闻，几乎被淘汰的小窑又焕发了勃勃生机。

小窑的结构比较简单，它的设计是环绕一个中心，保气保温，远远地望去像一个铁盔，盖在地上（图 3-13）。

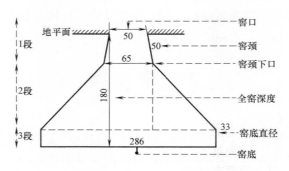

图 3-13　小砖窑的结构示意图

小窑也有大有小，大的一次可以装进十万块砖，小的窑可装五六万块砖或三四万块砖。

小窑的内壁是圆形的，用泥坯砌成，并留有烟道。粘合的材料就是泥，砌的时候逐层向中心挑出。适当部位留有火门，正中上方留加水口即冷却口，然后外面覆盖泥土，一为加固，二为保温。

3.2.2　装窑

装窑是一项很艰苦的劳动，并且也有一定的要求，要烧成一窑高质量的砖瓦，装窑非常重要。一般地讲，每一窑货物，不能只装一个品种。因为在燃烧升温的过程中，窑内温度不是绝对能统一的，有升温快的部位，有升温较慢的部位，还有均衡升温的部位。烟的循环也不是均衡的，有时也会出问题。有的部位被熏得多一些，而有的部位则少些。青砖在焙烧的后期，要还水，还水就有个先来后到，还不同程度的水，会影响青砖的质量。因此对于砖细工作所需用砖，在泥坯放置的位置上要严格选择（图3-14）。

图 3-14　装窑操作

如果自己有窑炉，要烧制细砖，没有别的品种要一起烧，那也要有垫底。因为某个地方是个好位子，但是我们不可能掉空了去烧。所以必须要有垫底作帮助。

3.2.3　烧窑

南方用秸秆作燃料的较多，因为秸秆燃料便于就地取材，而且价格低廉，但要保证燃料的干燥。如果将潮湿的燃料塞进去烧，火力会小，而烟会很大。火力小则保不住窑内的温度，烟太多则会造成里面的物质发黑。

窑内的物品全部装好后，进窑口加封，留好火门准备烧窑。

烧窑也不是点一把火烧着就算了。它很有讲究，起初烧的时候要用文火，然后逐渐加大火力。这有点像体育运动中的热身。因为已装在窑炉里的泥坯物品，干燥的程度不一样，用小火将那部分未干燥透的泥坯烧烤一下，使之完全脱水，以利于均衡烧制。

加大火力后要连续燃烧一段时间。根据窑炉的大小，和炉内泥坯等物品摆放的松紧，确定连续燃烧的时间。从理论上讲，燃烧到炉内温度达到 1000℃ 左右就可以了。但这还要看炉内具体物品的种类和密度而定。窑内物品的质地坚硬，或者密度较大时，烧窑的时间也应该相对加长一些；反之，时间应该相应缩短。在这个方面，专业的老窑工相当有经验，不妨向他们请教（图 3-15）。

图 3-15　烧窑

连续燃烧的工作完成后，下面的工作称作闷窑。闷窑的时候要把火门堵上并且加密，不能让热气跑出来。这同烹饪中的"闷蹄膀"有点相似。闷窑时间的长短也要根据窑炉的大小和物品的密度来确定。

闷窑时间到了以后，就要还水，水是从窑顶的加水口里注入的，过去用人工挑水，所以老窑都有一条上窑顶的路。现在用水泵打水，即窑工所讲的"还水"。还水前后要 3 天左右的时间，通过还水使窑内从氧化气氛转换到还原气氛，使砖中红色高价铁还原成青灰色的低价铁。同时加速制品冷却（图 3-16）。

还水后可以把火门打开了，让炉内通风，降温。几天以后就可以取出使用。

3.2.4　出窑打磨成形

出窑的细砖称生料，它非灰非炭，很难分辨它的优劣。为了使产品在材料上有一个充足的保障，对出窑的砖必须进行打磨。古代用的脚踏磨床已不复存在，现在都用机械来进行操作（图 3-17）。

图 3-16　制砖工人在砖窑
　　顶上进行还水操作

图 3-17　砖的机械打磨

每块砖先打磨一个平面，然后观察它的气孔和色泽。组合型砖细作品，在色泽的挑选上要比较严格，力求做到色泽基本统一。

选择磨好了一面的砖，要因材施用，切边定型。古代的切边，是用木工的锯子锯的，很慢，也很费工具。现在一般规格的材料都可以用合金的切片，用机械加工。但在加工之前，加工的材料要浸润湿透，并且要在加工过程中不断冲水，以防止工具因过热而缩短使用寿命。

对已经成型的砖要用草绳捆扎，以防止棱角等处被损坏（图3-18）。

图 3-18　用草绳捆扎好的成型砖

砖在运输时要注意不宜平放，一定要将砖侧放。

复习思考题

1. 填空题

（1）在土质的考察上，制砖者一般取含铁量比较（高）的土壤作为原料，这种土壤苏州人俗称为（铁硝黄泥）。

（2）做细砖所用的材料与一般（砌墙）的砖有所不同，选用材料时，首先要把硬质的泥块打成（碎末）。第二步是将已踏碎的泥运到一个用砖砌成的（大池）里灌水，用人工搅和，使之变成（泥浆）状。第三步，将砖砌池的（放泥孔）打开，并在放泥孔的下面垫上用竹篾编成的过（滤筛）两道。让泥浆流入"停放池"内，以确保泥浆的（细腻）。这时要注意的是保证（温度），气温在零度以下时，要用柴草等物覆盖，严防结冰。

（3）待泥浆结成块后把池内的泥取出来备用。要注意的是池底部分要留（三寸）左右，有（杂质）的不能用，池底杂物，下次还可以作为（粗料）使用。泥自池内取走后，应将其垒在一处，（夯实），用（牛皮纸）封起来待用。

（4）泥坯停放在干燥房后，要不断地（翻动）。泥坯停在坯梗上，受风的作用，两面的干燥速度不同，会造成（弯翘），如果稍稍弯翘，可以用木棒（敲击），但这种方法只能在泥坯（没有完全脱水）的情况下进行。泥坯停放时是（侧放）的。

2. 选择题

（1）如果发现泥坯干燥后有裂缝，要看它引起的原因。如果是（B）的，那泥坯就还可以用竹片把裂缝填实，并在离裂缝两寸许的周围加稍许的水上去。使周边的泥膨胀一些，来帮助裂缝的合拢。

A. 冰裂　B. 燥裂　C. 摔裂　D. 压裂

（2）当泥坯已经基本脱水，就要把它叠放起来，以防止再次（C），这时离进窑还有一段时间。叠好以后，要把它摆放好，但不要封闭，以保证它能完全脱水。

A. 风化　B. 僵硬　C. 受潮　D. 开裂

3. 是非题

（1）为了使产品在材料上有一个充足的保障，对出窑的砖必须进行打磨。每块砖先打磨两个平面，然后观察它的气孔和色泽。组合型砖细作品，在色泽的挑选上要比较严格，力求做到色泽基本统一。　　　　　　　　　　　　　　　　　　　（×）

（2）窑内的物品全部装好后，进窑口加封，留好火门就可准备烧窑了。　　　　　　　　　　　　　　　　　　　　　　　　（√）

（3）烧窑也不是点一把火烧着就算了。它很有讲究，起初烧的时候要用旺火，然后逐渐减小火力。　　　　　　　　　　　（×）

（4）从理论上讲，燃烧到炉内温度达到1000℃左右就可以了。但这还要看炉内具体物品的种类和密度而定。窑内物品的质地坚硬，或者密度较大时，烧窑的时间也应该相对加长一些；反之，时间应该相应缩短。　　　　　　　　　　　　　　　（√）

4. 简答题

（1）简述烧制砖瓦的大窑、小窑的区别和特点

答：长期以来我们用于烧制砖瓦，且烧出来的东西是黛青色的，看上去很美观的这种窑，我们称它叫"小窑"。大窑是近年才出现的轮窑，即轮换着装进去砖坯并且做出成品，相对于小窑来说，大窑真是个"庞然大物"，制砖的速度很快。相比之下，我们称为小窑的，真的是小得多了。

（2）简述小窑的结构特点

答：小窑的结构比较简单，它的设计是环绕一个中心，保气保温，远远地望去像一个铁盔，盖在地上。小窑的内壁是圆形的，用泥坯砌成，并留有烟道。粘合的材料就是泥，砌的时候逐层向中心挑出。适当部位留有火门，正中上方留加水口即冷却口，然后外面覆盖泥土，一为加固，二为保温。

（3）简述烧制砖瓦的装窑过程

答：装窑是一项很艰苦的劳动，并且也有一定的要求，要烧成一窑高质量的砖瓦，装窑非常重要。一般地讲，每一窑货物，不能只装一个品种。因为在燃烧升温的过程中，窑内温度不是绝对能统一的，有升温快的部位，有升温较慢的部位，还有均衡升温的部位。烟的循环也不是均衡的，有时也会出问题。有的部位被熏得多一些，而有的部位则少些。青砖在焙烧的后期，要还水，还水就有个先来后到，会不同程度的影响青砖的质量。因此对于砖细工作所需用砖，在泥坯放置的位置上要严格选择。

（4）简述烧窑过程中的还水

答：闷窑时间到了以后就开始还水，水从窑顶的加水口里注入的。过去用人工挑水，所以老窑都有一条上窑顶的路。现在用水泵打水。还水前后要三天左右的时间，通过还水使窑内从氧化气氛转换到还原气氛，使砖中红色高价铁还原成青灰色的低价铁。同时可以加速制品冷却。还水后可以把火门打开了，让炉内通风，降温。几天以后就可以取出使用。

4 砖细的平面作品与线面作品

教学目标

　　了解砖细的平面与线面的区别，熟悉砖细平面作品如各种铺地、勒脚和护墙的种类和技巧；线面作品如地穴、窗宕、栏、槛等的特点和技术要领。

4.1 铺　　地

　　细砖作为一种实用材料，在古代建筑中有着举足轻重的地位。

　　在古建筑中，可供选择的铺地材料有砖、石和木。其中用途最广泛的就是砖了。它的吸水性能和防腐性能都很好，再加上它的色泽美观，所以具有旺盛的生命力。上至皇宫，下到民宅，应用范围十分广泛（图4-1）。并且从简单的铺设，逐步发展到工艺铺设，花样繁多。时至今日，铺地已经发展成为一种园林小品，特别是江南古典园林建筑所不可缺少的组成部分。由于铺地所处的"地位低下"，往往不容易为游人所瞩目。其实，小中见大，铺地和园林其他要素一样，同样源远流长，隽永秀美。它们积淀了丰富的造园内涵，铺叙了园林文化的璀璨篇章。

　　仿古建筑的室内和室外地面，一般使用方砖或条砖铺墁。砖墁地的方法有细墁和粗墁两种。砖缝形式有"十字缝"、"拐子锦"、"褥子面"、"人字纹"（图4-2）、"丹墀（柳叶斜纹）"、"套八方"等形式。

　　铺地，分为室内铺地和室外铺地。室内铺地的滥觞，可追溯到春秋时期。

图 4-1　绘画作品《大明宫》描绘的皇宫情景

图 4-2　室外铺地的人字
形砖缝的一种形式

据记载，我国古代春秋时期，吴王夫差得到了越国美女西施，为其在苏州木渎灵岩山上盖了一座庄园，名叫"馆娃宫"，其中有一条长廊，地面用方砖铺设，人走上去会发出回声，因此称为"响廊"。据说方砖地是用酒缸或酒瓮将方砖搁起，使方砖地产生回音的。又一说法叫做"响屐廊"（屐是古代的木底鞋，穿着走路会有响声）。相传"吴王榧梓铺地，西子行则有声。"廊名就由此而来（图 4-3）。晚唐诗人皮日休《馆娃怀古》诗云："响屐廊中金玉步"。唐宋以来，园林厅堂、亭、榭内的铺地，多用方砖。在现存的古建筑中，我们可以看到有的方砖地也是搁空的，大都用于卧房间的铺设。铺法：首先，把相平磉石的地平挖下一尺，甚至数尺，然后，将生石灰按 6％ 的比例拌入泥中，然后填实。这种做法可以避免地面泛潮，并且很硬实。地皮做平后，按将要搁置的方砖的位置，在地皮上弹出十字线，在十字线上用"二斤砖"砌墩子，高度计算到铺设方砖后，地面比门槛低一寸（图 4-4）。

4.1.1　室内铺地

室内铺地时，首先要弄清楚，房间的开间大小。因为方砖传统的尺寸很多。有尺六、尺八、二尺、二尺二等。根据房间的大

图 4-3　歌舞剧《西施》中演员模仿
当年情景表演的表演的"响屐舞"

图 4-4　搁空方砖
的铺法

小作一个选择。房间太小的则不宜用太大的方砖，房间太大的不宜用太小的方砖。

室内细墁地面用砖需经过加工。工序为：

（1）地面先用素土或3：7灰土夯实（图4-5）。

（2）找平。按设计地坪标高找平后，在四面墙上弹上墨线。

（3）在房子的两侧按水平线拴两道曳线，在室内正中向四面拴两道互相垂直的十字线，目的使砖缝与屋轴线平行，中间一趟安排在室内正中。

图 4-5　地面夯实

（4）计算砖的趟数和每趟块数。砖趟数应为单数，中间一趟应在正中。"破活"打找排里面和两端，门口附近必须是整砖（图4-6）。

（5）在靠近两端曳线的地方各墁一趟砖，叫做"冲趟"。冲趟之后即可开始墁地。墁砖铺泥用白灰、黄土按3：7的比例调和而成，不能过软。砖缝用油灰填塞。

（6）墁完后用墩锤轻轻敲打，使所墁的砖平顺、缝严，与铺泥接触牢靠。然后将砖揭下，逐块做上记号。再在泥上泼洒白灰浆，用麻刷沾水将砖两肋里楞刷湿，再在砖的里口抹上油灰，按原来位置墁好后，用礅锤轻轻敲打，使砖平顺、缝严（图4-7）。将多余的油灰抹掉，用磨石将凸起部分磨平。墁每一趟都需如此操作，全屋墁好后，进行打点，清扫干净，待地面干透后用生桐油在地面反复涂抹或浸渍。这道工序结束，地面细墁才算完工。

图4-6　栓十字线和铺砖　　　　　　图4-7　墁砖

中国封建帝王所居琼楼玉宇，金砖遍地。当我们参观北京的故宫、颐和园和明十三陵等处时，到处可见乌黑的大方砖铺地。这种方砖，因它质量高，"敲之有声，断之无孔"，光润耐磨，愈擦愈亮，并专为皇帝使用，供金足踏临，故名"金砖"（图4-8）。也有另一种说法是，明清烧制的这种方砖，专运北京供皇家建筑之用，故称"京砖"。汉语中的京与"金"谐音，所以就叫"金砖"了。不管"金砖"的由来如何，这种砖确实造价高，烧制难，当时称为"金砖"，也是不过分的。

苏州地区是烧制"金砖"的故乡。那里靠近大运河，有取之不尽的细腻土壤，正是烧制质地密实的"金砖"的好材料。史载，明清时期的金砖主要产地是苏州。"金砖"学名叫细料方砖。制砖工序极为严格，从选土开始，通过掘、运、晒、推、舂、磨、筛等七道工序得其土；再经三级水池的过滤、澄清、澄浆、

图 4-8　皇家使用的金砖，往往在侧面刻有制造年代等文字

沉淀、晾干、踏以人足等六道工序使其成泥；经过炼泥、制坯、阴干，然后入窑焙烧。入窑后，为了防止暴火激烈，需用不同的糠、草、柴、棵等分别焙烧共计 134 日，再以窨水后方可出窑。据明代《造砖图说》解释："入窑后要以糠草熏一月，片柴烧一月，棵柴烧一月，松枝烧四十天，凡百三十日而窨水出窑。"每一块表面必须色泽均匀，无任何裂缝、斑渍和缺角，敲之声震而清越者，方算合格。几百年过去，"金砖"被千千万万名中外游人所踩磨，但由于砖质坚硬如顽石，大多保存完好。如今，为了保护"金砖"，常用名贵的植物油拖擦，为中国独有的金砖增辉。

苏州陆慕御窑所生产的磨细方砖，坚固厚实，叩之铿锵作声，俗称"金砖"，是江南园林室内铺地中的精品（图 4-9）。故宫博物院和中国文物保护基金会在国内相关行业中进行了长达10 多年的跟踪调查研究和选用，发现来自苏州"御窑"的金砖，其选料精良，制作精细，"敲之有声，断之无孔"。受其影响，近年来又出现了制作金砖的后起之秀——苏州宫辉古建砖瓦厂，其产品不仅应用于国内的无锡影视城、广州太平天国影视城等处，还远销美国、新加坡等地。

故宫除了三大殿等建筑群，慈宁宫和寿康宫的地砖也全由苏州运来，目前，正在逐步替换故宫里 20 世纪 50 年代铺设的水泥

图 4-9　苏州陆慕御窑金砖厂在老窑烧制金砖场景

地砖。据了解，故宫正在使用的苏州金砖数量在四万块左右，相当于重新铺设出九个太和殿。

图 4-10　表面浇过桐油的金砖

至于那金銮殿上的"金砖"为什么不像我们常见的黛青色的砖，而是乌黑发亮？那是因为在铺设好方砖后，在它的面上浇过桐油（图 4-10）。具体操作如下：方砖地铺设好后，打开门窗，让砖地晾干到发白的程度。然后，将煮热的桐油浇在平地上。有条件的浇高二寸。让方砖自然吸收，一般浸油一个月左右，有的时间可以长一些，但要观察好，不能让油被方砖吸干，因为油如果被吸干会在方砖面上结一层油皮，因氧化而变色。浸到一定的时间，把油用木铲铲掉，再用麻布抹干净，数天后就能用。

铺设室内地面时，也要弹线，从中间出发向四周铺设，伸缩部分在边上借凑切割。

4.1.2　室外铺地

室外铺地，主要用于花园。除了铺在厅堂等建筑前外，更多铺于路径。

室外铺地的材料，一般用砖瓦、石块等。有的单用，全部用小青砖侧砌。纯砖铺地常仄（侧）砌，图形有人字、席纹、斗方、叠胜、步步胜等（图4-11）。

砖细用于室外铺地时，主要铺设雕花甬路。雕花甬路指甬路两边的散水墁有经过雕刻的带有花饰的方砖，或镶有用瓦片、色石拼摆成的图案。雕花甬路有方砖雕刻、瓦条集锦、石子拼摆三种做法。常用于宫廷或园林中（图4-12）。

砖雕刻法：先设计好图案，然后用手雕或浅浮雕手法在每块砖上进行雕刻。雕刻完毕，将砖墁好，在花饰空白地方抹上油灰（或水泥），码上小石子，最后用生石灰粉将表面油灰揉搓干净。砖雕图案一般取材于人物故事、花卉草木、飞禽走兽。

图4-11　园林里的铺地

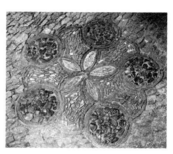

图4-12　用瓦条、石子摆成
图案的园林铺地

4.1.3　花砖铺地

每件事情都有它的自然法则，实用性与装饰性的灵活应用，古代工匠已是掌握得炉火纯青。为了整洁、美观，他们用大方砖铺地；为了防滑，他们用小砖铺地。其实用大砖铺地不仅能起到整洁、美观的作用，也能防滑。这种方法在开间不大的天井里，特别常见（图4-13）。

在前厅接后院的天井里的中央线上，做一幅宽三至四尺的线刻，会显得气派不凡，它既像地毯又如彩虹，实用又美观，若再刻上一些吉祥如意的图案还能增加喜庆的气氛。

更多的是在大堂的中央，雕上一幅圆形的图案。根据主人的

图 4-13　用方砖和小石子的铺地

身份、地位和家业的大小，可以选择不同的题材，进行雕刻，以祈寿求福、喜庆如意是其最常见的内容。

在这种平面设计中，边框设计，一般没有高低的起伏，而对边框线脚进行平面设计。这种线脚以直线回纹形状为主选内容，因为，回纹比较规矩、庄严，更符合古代的伦理规范。

花砖铺地，均须用桐油浸润，成片的花地可以在地面干燥后，将桐油直接浇上，点缀性的花地，就需要在周围围上泥地，使之不向外渗出。

在苏州园林中，铺地的俗文化现象也是一大特色。园主们为了讨口彩，运用谐音、双关等手法，给铺地赋予各种吉祥的象征（图 4-14）。在"拙政园"、"网师园"、"留园"、"狮子林"的铺地中，都有"五蝠捧寿"图，是五只蝙蝠围住正中的一个"寿"字，喻意"五福捧寿"，象征园主生活的美满长寿。"留园"的铺地，更是集俗文化之大成：蝙蝠、梅花鹿、仙鹤，寓意"福禄寿"；鹿、鹤、鱼则包含了天上、地面、水中的一切生活空间，组成了"福寿有余"的意境。拙政园"海棠春坞"前的铺地，镶拼出多姿的海棠；狮子林"问梅阁"，室内铺地梅花朵朵，隐含"问梅"意境。白鹭和莲花组合，象征着主人在科举中"一路（鹭）连（莲）科（棵）"；一只花瓶内插三支戟，意味着"平（瓶）升三级（戟）"。"双线"图，暗示对高贵享受的企盼；砌以"莲花"图纹的铺地，典出《南史》："齐东昏侯凿金为莲花贴地，令潘妃行其上，曰此步步生莲也。"一条铺地能载于史书，是非常少见的。

图 4-14　园林里各种吉祥寓意的铺地图案

作为一种造园符号的铺地，特别是隽永的花砖铺地，是一种不用刻刀的雕刻，一种别具一格的"地雕"。镶奇嵌秀，铺出了园内一条条、一方方"风景这边独好"的艺术天地。

4.2　勒脚与护墙

古代人在勒脚护墙方面的应用极为灵活，往往能做得恰到好处。下面作一些具体的介绍。

4.2.1　勒脚

1. 概念及特点

勒脚是墙体的下面一部分，为了加大墙体底部与石脚的受力面，但又不影响墙体对石脚的负荷，古人在砌墙时在石脚以上二尺五寸左右部分，将墙体加厚半侧砖，再往上砌就收半侧砖，这样既起到加固墙体的作用，又能在上下连接的收分处，引成一条很漂亮的线脚。所以勒脚有实用性和装饰性两个作用。

在勒脚部分，为了整洁和美观，可以用细砖加以贴面，在收分处可以做上很漂亮的线脚。勒脚引成的地方，做法也有所不同，如库门勒脚，影壁勒脚等（图 4-15）。

图 4-15　建筑的各种勒脚

我国的历史传统建筑中，勒脚部分成功的作品不计其数，很多作品不但漂亮，而且寓意深刻。

　　虽然勒脚的最初目的是为了更好地支撑物体，但古人在具体设计构思的时候，想象非常丰富。他们把要支撑的物体想象成一位美女骑在大象的背上。以美女的身价和大象的可靠性，来显示勒脚的特点。有时，又把勒脚想象成一条卧龙，上面祥云缭绕，很有动感。这种方法主要是借助了龙在人们心目中的地位和法力，还能使人在看到物体时，油然而生一种亲切感。把勒脚设计成莲花状（图4-16），

图 4-16　光福铜观音寺的
莲花状碑座勒脚

本来是一件不可思议的事情，因为花太轻，却要它负这么重，可是这就是一种借力，借佛教中莲花的法力，来满足人们的依赖、归属方面的需求。诸如此类，不一而足。

　　勒脚部分的变化很多。可以用平面的细砖，做成正方形或六角形、八角形等装帖，这种装帖一般要用扎扣。扎扣的作用是将细砖同墙体扎牢，方法有硬木扎、铁扎、砖扎等。

　　当用勒脚来装饰基座线脚时，那线脚上面装帖的细砖要用扎口。比较考究的有，在基座线脚与勒脚线之间，兜通线脚，中间产生兜肚。兜肚上雕刻各式花纹，这种花纹大都以浅浮雕为主。有时我们看到的勒脚会很复杂，比如像照墙、墙门等处的勒脚，其实这是更深层次的勒脚设计，它不局限于加固墙体和引出线脚的作用。上面谈到的当勒脚装饰基座线脚时，线脚四周兜通，中间部分施以花纹，这种花纹的设计原以总体建筑的风格和实用功能来定。如果是寺庙，那离不开菩提莲花，如果用在衙署，则离不开清正廉明的典故，等。

　　这种形态出现时，一般是勒脚以上部分，没有其他装饰性的

东西。如果在勒脚以上有砖细装饰的纹样出现，那勒脚相对会比较简洁，但在视觉上要加重它的重量。如果整片墙面的勒脚部分光秃秃的，而上面部分施以浓重的花饰，则会造成头重脚轻的感觉。

古人在这个问题上做得非常出色。他们在许多地方的施以砖刻重雕的墙门的勒脚上，做上阔叶莲花座雕刻，表现出了很重的分量，这也符合一般人祈求安逸平和的心态。

图4-17　须弥座

影壁的勒脚，一般都有砖雕的浓重花饰，所以它的勒脚，适宜做成须弥座（图4-17）。须弥座，实是莲花座，不过它一般是用细砖砌成的，莲花状的分量感也会很重。运用须弥座的建筑物座身的厚度一般较大，从正面看，要抛出墙身很多，所以看上去相当稳重，同上身结成一体后，会相当协调。当然，这里面还有一个比例要掌握，勒脚的设计不是孤立的，它是融合于整体的一个部件，所以要在整体的构造中求得一种互补，这就要求在设计过程中，要有一个整体的观察过程，不能单独的为设计勒脚而设计，一定要考虑到整体效应。总之，复杂的勒脚上面一定要有东西，简单的勒脚就不一定有东西。

2. 勒脚的施工做法

（1）设计要求

基层墙体的挠度不应超过 $L/240$，其中，L 为建筑层高。目前，在国内，采用本系统的主要基层墙体有钢筋混凝土墙、混凝土空心砌块墙、黏土多孔砖墙、实心黏土砖墙等4种墙体，经计算验证，在居住建筑通常层高或开间的情况下，可以满足基层墙体挠度不超过限值的要求。

在墙体系统某些部位，如2.4m以下，有抗冲要求时，需采用加强型系统。即在普通标准网布下再增设加强网布，此时，应在设计文件中特殊注明。

1）标准网布在系统下列终端部位应进行翻包：门窗洞口、管道或其他设备需穿墙的洞口处；勒脚、阳台、雨篷等系统的尽端部位；变形缝等需要终止系统的部位；女儿墙的顶部。

2）系统在以下位置应设置系统变形缝：

a.基层墙体设有伸缩、沉降缝和防震缝处；

b.系统需设置变形缝处：预制墙板相接处；基层墙体材料改变处；外保温系统与不同材料相接处；墙面的连续高、宽度每超过 23m，也未设其他变形缝处；结构可能产生较大位移而又未设置结构变形缝处，如建筑体型突变或结构体系变化处。

3）建筑外立面的颜色应结合当地的气候条件选择，在炎热地区不宜选用深色涂料。

4）墙体系统的透气性能，基层墙体内表面不宜采用不透气材料，如乙烯类墙纸。

5）为有利于水蒸气在墙体中的扩散运动，外墙面层涂料的水蒸气渗透阻不应大于 $694m^2 \cdot h \cdot Pa/g$ 或 $0.193m^2 \cdot s \cdot Pa/g$。

（2）准备条件

1）施工现场应具备通电、通水施工条件，并保持清洁的工作环境。

2）外墙和外门窗口施工及验收完毕（门窗框已安装就位）。

3）施工现场环境温度和基层墙体表面温度不能低于 4℃，风力不大于 5 级。冬期施工时，应采取适当的保护措施。

4）施工时，应避免阳光直射。必要时，可在施工脚手架上搭设防晒布，遮挡施工墙面。

5）雨天施工时，应采取有效措施，防止雨水冲刷墙面。

6）墙体系统在施工过程中，应采用必要的保护措施，防止施工墙面受到污损，待建筑泛水、密封膏等构造细部按设计要求施工完毕后，方可拆除保护物。

（3）施工工具

1) 搅拌枪，为保证水泥与胶液充分混合均匀，我们使用电动搅拌枪，大大提高了工作效率。

2) 抹子，抹子分为普通钢抹子，锯齿形抹子，阴阳角抹子等。

3) 其他工具，需配有靠尺、刷子、多用刀、灰浆托板、拉线、弹线墨盒、涂料喷斗、空气压缩机、开槽器、皮尺、毛辊等一般施工工具以及操作人员必需的劳保用具等。

（4）施工要点

所有施工细部做法均可参照国家发布的有关图集和规程执行。

1) 基层墙体的处理

a. 基层墙体必须清理干净，墙面应无油、灰尘、污垢、脱模剂、风化物、涂料、蜡、防水剂、潮气、霜、泥土等污染物或其他有碍粘结的材料，并应剔除墙面的凸出物，再用水冲洗墙面，使之清洁平整。

b. 清除基层墙体中松动或风化的部分，用水泥砂浆填充后找平。

c. 基层墙体的表面平整度不符合要求时，可采用 1:3 水泥砂浆找平。

d. 当有建筑进行保温改造时，应彻底清除原有外墙饰面层，露出基层墙体表面，并按上述方法进行处理。

2) 粘贴聚苯乙烯板

a. 根据设计图纸的要求，在经平整处理的外墙面上沿散水标高用墨线弹出散水及勒脚水平线；当需设置系统变形缝时，应在墙面相应位置弹出变形缝及其宽度线，标出聚苯乙烯板的粘贴位置。

b. 粘贴聚苯乙烯板可以采用以下两种方法：

方法一：点粘法。沿聚苯乙烯板的周边用不锈钢抹子涂抹配制好的粘结胶浆。浆带宽 50mm，厚 10mm。当采用标准尺寸的聚苯乙烯板时，尚应在板面的中间部位均匀布置 8 个粘结胶浆点，每点直径为 100mm，浆厚 10mm，中心距 200mm 。当采用非标准尺寸的聚苯乙烯板时，板面中间部位 涂抹的粘结胶浆一般不多于 6 个点，但也不少于 4 个点。点粘法粘结胶浆的涂抹面面积之比不得小于 1：3。

方法二：条粘法。在聚苯乙烯板的背面全涂上粘结胶浆（即粘结胶浆的涂抹面积与聚苯乙烯板板面面积之比为 1：1），然后将专用的锯齿抹子紧压聚苯乙烯板板面，并保持 45°角，刮除锯齿占用的浆条。聚苯乙烯板上墙壁后，此浆条垂直于水平面。

c. 聚苯乙烯板抹完粘结胶浆后，应立即将板平贴在基层墙体墙面上滑动就位。粘贴时动作应轻揉、均匀挤压。为了保持墙面的平整度，应随时用一根长度超过 2.0m 的靠尺进行整平操作。

d. 聚苯乙烯板应由建筑外墙勒脚部位开始，自下而上，沿水平方向横向铺设，每排板应互相错缝 1/2 板长。

e. 在外墙转角部位，上下排聚苯乙烯板间的竖向接缝应为垂直交错连接，保证转角处板材安装的垂直度。

3）铺设网格布

a. 涂抹抹面砂浆前，应先检查聚苯乙烯板是否干燥，表面是否平整，并去除板面的有害物质、杂质或表面变质部分。

b. 标准网格布可采用以下两种铺设方法：

方法一：二道抹面浆法（推荐采用此法）。用不锈钢抹子在聚苯乙烯板表面均匀涂抹一道厚度为 1.66mm 的抹面胶浆（面积略大于一块网格布范围），立即将网格布压入湿砂浆中，待砂浆干硬至可碰触时，再抹上第二道抹面砂浆，直至全部覆盖网格布，此时，网格布约处两道砂浆的中间层位置。

方法二：一道抹面砂浆法（供选择使用）。用不锈钢抹子在聚苯乙烯板表面均匀抹一道厚度 2.5mm 的抹面砂浆（面积略大于一块网格布范围），立即将网格布压入湿砂浆中，使网格布无任何可见纹路。

c. 加强网格布采用一道抹面砂浆法铺设，抹面砂浆厚度为 3.2mm。

d. 网格布应自上而下沿外墙一圈一圈铺设。

4）面层涂料的施工

a. 面层涂料施工以前，应首先检查抹面胶浆上是否有抹子划痕，网格布是否有外露纹路；然后修补抹面胶浆的缺陷或凸凹不平处。

b. 面层涂料采用喷涂或滚涂方法施工，也可采用其他饰面方法。

（5）特殊部位处理

1）勒脚部位

a. 用墨盒弹出散水以上 2.4m 的高度线。

b. 裁剪窄幅标准网布，长度视翻包聚苯乙烯板端需要的长度而定。

c. 在基层墙体勒脚底涂抹高度 65mm，厚度为 20mm 的粘结砂浆，将窄幅标准网布的一端 65mm 压入砂浆内，另一端甩出备用，并注意保持其清洁。

2）门窗洞口处

a. 洞口角部的聚苯乙烯板，应采用整块聚苯乙烯板切割出洞口，不得用碎（小）块拼接。

b. 铺设网格布时，应在洞口四角处沿 45° 方向补贴一块标准网布（200mm×300mm），以防止角部开裂。

3）系统变形缝处

a. 翻包标准网布，系统变形缝处两侧聚苯乙烯板间的最小距离应为 20mm。

b. 系统变形缝应采用聚氨酯密封膏填充。

4）饰件的施工

a. 装饰件凸出墙面时：（a）在粘贴上墙经静置养护后的聚苯乙烯板上，用墨盒弹线的方法，在板面上画出装饰件的位置。（b）在装饰件及其对应的聚苯乙烯板上均匀涂抹一层抹面胶浆，并用标准网布将饰件包住，按设计要求粘贴到聚苯乙烯板上。

b. 装饰件凹进墙面时：（a）在粘贴上墙经静置养护后的聚苯乙烯板上，用墨盒弹线的方法，在板面上画出装饰件的位置。（b）利用开槽器按设计要求在聚苯乙烯板面上切出凹线条，凹槽处聚苯乙烯板的实际厚度不得小于 20mm。

c. 凹槽内及凹槽周侧 65mm 范围内，涂抹一层抹面砂浆，然后压入标准网布。

4.2.2　护墙

护墙是保护墙壁的一种设施。古代人在砖身墙体的粉刷上用的是灰砂，即用石灰与河沙的粘合物打底再用纸筋灰光面。用这种方法做成的墙面，如果再经白灰水刷一下，也可以用。但白灰水很容易弄脏人的衣服，而且这种粉刷体保持的时间也不长。所以，稍微讲究一些的居民都要用细砖来做护墙（图 4-18）。

护墙一般出现在大厅和厢房。现在一套砖细的组合体中，方砖的铺地、砖细的门套和窗台，各自孤立出现的不多见，往往有机结合，相得益彰。

护墙的方砖排列，有菱形排列、六角形排列等。护墙还可能点缀些许花纹，但要和整体内容有机配合（图 4-19）。

图 4-18　乔家大院的砖细护墙

图 4-19　墙门护墙的方砖排列

4.3 地穴、窗宕和栏等

4.3.1 地穴

地穴是指没有安装上门的门宕，我们用细砖做的地穴，就叫做砖细地穴。

地穴最早出现是在墓穴里。过去皇家、贵族的墓穴非常开阔，能做成"里三层、外三层"的地下建筑。这种建筑类型的贯通处，往往不安装门，而只开一个门洞，为了使门洞形式优美，坚固耐用，整洁大方，往往在门洞周围贴上细砖，也可称作"细砖门套"。如果有平面反吊的情况，反吊砖要用倒钩在过墙板上钩牢。

图 4-20　园林里的地穴

地穴的样子很多，有长方形、六角形、灯景形、椭圆形等等（图 4-20）。

地穴的边框常用青灰色磨细砖贴砌。砖细边框的上方，有时镶嵌砖细门额一方，如同佳人的秀眉，点出景观的内涵。如沧浪亭的砖细门额"秋叶门景"。有的门宕上方正反两面，均有砖额，可谓别具匠心。建筑物前走廊两侧，通常各开一个门宕，左右对称，通向不同的景区。狮子林"指柏轩"前庭院内，有一海棠式门宕，为它处所罕见。其门宕正反两面，分别题额"涉趣"和"探幽"。"沧浪亭"假山围廊内，有一个葫芦形门宕，其空间仅容一个成人低头侧身而进（图 4-21），创出一种"宝葫芦秘密"的意境。

某部位出现的样子，不能由砖细决定，这是建筑设计师在总体效果上衡量出来的。一般的建筑设计师在砖细方面不是很精通，因此，砖细工要同建筑师交流，将自己对砖细的个性化设计，通过交流逐步完善。经过多次的反复才能熟能生巧，巧能成行。

样子做漂亮了，与周围的风格也协调好了。具体的制作和装饰过程中还要注意一个重要问题。因为地穴是供人出入的地方，安全尤为

图 4-21　沧浪亭的葫芦形门宕

重要。在选砖方面要选抗裂度好些的材料。在安装时，每块砖要同墙体有一个牢固的连接。过去用硬木桩连接，现在用铁丝连接，不过一定要灌浆把铁丝密封，不能暴露，以防生锈而断裂。

图 4-22　地穴安装的门

安装时要用线锤挂直、挂平。因为空开的门宕不会太准，在安装砖细时要借准。如果是长方形地穴，某条向中的愣角一定要垂直于地面。

制作圆形或椭圆形的地穴时，要做好模板，在模板上切准所需要的形状，放在需要制作的位子里，然后依此形状安装细砖，就不会错了。安装好以后，不要马上把模板拆除，要到细砖的粘合物产生了强度

之后再拆除，这样就避免了不必要的变形。

地穴一般是不装门的，如果那里必须装门，它的门不能是上宕门，即不能安装在宕子的中间而是要装在墙壁的一面（图4-22）。

4.3.2 月洞门

月洞门是一种不加门的特殊门宕，供游人出入之用，形似满

图 4-23 怡园的月洞门

月而得名。有的月洞门是砖细边框，以弧形青灰色清水磨细砖贴砌（图 4-23）。边框立面，有单圈和双圈之分。内外双圈的，一为阴线，截面呈现凹弧；一为阳线，截面呈凸弧。阴阳各一，寓含老庄哲理。

月洞的上方，一面或两面往往还有题额。题额又叫砖额，在一方清水磨细方砖上，浮雕有点明景观内容的两个字，如"通幽"，有的砖额呈书卷式，则更富书香气。

4.3.3 窗宕

墙体中间留有空间，有安装窗的，也有不安装窗的。窗和门是姊妹篇，在设计、制作的过程中，要有一个合适的搭配，有机的统一。

同样的窗宕，其外观也有很多的变化形式。同门宕最大的不同是窗宕多一个窗台。笔者在若干年前到福建旅行时，有幸见到了一组窗台，上面的砖细图案，有小苹果、葡萄，以及盛开的莲花瓣等，设计巧妙，做工精

图 4-24 素式窗台的窗宕

致，生活气息浓厚。

我们看到的大多数窗台都是素式的，尤其是很多现代建筑中在用的窗台窗宕，略施线脚即可（图4-24）。

4.3.4 漏窗

又叫花窗、透花窗、花墙洞。不同式样的窗框内，有不同的砖瓦几何图形、不同的动植物和器物造型，令人目不暇接（图4-25～图4-27）。苏州古典园林的漏窗之多，更是洋洋大观，仅"沧浪亭"的漏窗就多达108式。

图4-25　瓦砌的漏窗　　图4-26　砖砌漏窗　　图4-27　堆塑漏窗

漏窗制作方法之一——砌，用砖、瓦、木条砌成各种几何图案，以直线、折线、曲线为主。

漏窗具有我国民族传统文化（俗文化）的心理特征。其图案中大量采用的民间吉祥物，反映了士大夫文化与民俗文化的交融。比如称心的"如意"、多子的"石榴"、多福的"佛手"、多寿的"松鹤"、多禄的"柏鹿"。东山"雕花大楼"门楼两侧的四扇漏窗，图案分别是纡丝、瑞芝、藤蔓、祥云，以寓"福寿绵长"的意愿。留园"古木交柯"对面的漏窗，图案有八角套海棠、藤蔓、如意等，象征着富贵满堂，福禄绵长，称心如意等。

"耦园"的"鹤寿亭"两侧各有一扇椭圆形漏窗（图4-28）。与众不同的是，它不但精雕双层砖细边框，而且框内的花卉图案，居然用清水砖雕成。

4.3.5 栏杆

居室或庭院的一种建筑小品，古已有之。既可作为厅堂内部

图 4-28　耦园的鹤寿亭及其两侧的漏窗

的一个构件（室内栏杆），供游人扶栏远眺，也可以单列成景
（室外栏杆），成为安全的屏障。栏杆使用的建材有木构、石构、
砖构或砖木结构。

砖细的栏杆出现在廊内和亭内的较多，它的功能与木栏杆相
同。但在廊和亭内出现，要比木栏杆显得更加得体。

在苏式建筑中，"青砖小瓦"是一种传统的特色。加上砖细
的栏杆，更能使整个建筑浑然于一体。

按结构分，栏杆有平栏（扶手栏杆）、半栏（坐凳栏杆）和
吴王靠三大类。半栏，又称坐凳栏。因其端面用磨细方砖铺砲，
又称砖细半栏、砖细坐凳栏。其形制有两类：一类为实心半栏，
栏杆侧面用砖砌实后，涂抹纸筋灰与石灰水。另一类半栏的侧
面，亦为砖细，透雕各种图案。网师园的"小山丛桂轩"前的回
廊间，砌有空心方八角式砖雕坐栏，精美细腻。园林内的游廊，
通常一侧为嵌有漏窗和书条石的粉墙，另一侧为砖细坐栏。耦园
的"织帘老屋"前，有两道栏杆（图 4-29），回廊内为砖细半
栏，回廊外为花岗石半栏。这种"双栏双色"形制，与众不同，
颇具特色。

吴王靠，是栏杆家族中的一朵奇葩。一般置于水榭等临水建
筑的面水一侧。由靠栏和坐凳两部分组成。有的坐凳面和砖细半

栏一样，采用方砖铺砌。狮子林的"真趣亭"内的吴王靠（图4-30），坐凳为方砖，靠栏雕有八卦图案。

图 4-29　耦园"织帘老屋"
　　　　外的两道坐栏

图 4-30　狮子林"真趣亭"
　　　　内的吴王靠

栏杆的做法很多，有实心贴面，有空心加面，有空实心加面。实心栏杆是比较容易做的。先砌好墙体，然后贴面即可。空心栏杆的变化相对较多一些，而且做法也很严谨。空实心加面也是按照总体环境要求来设计的，要灵活应用。

空心栏杆是指在坐板下面，进行漏空处理，这种做法，可以产生较为轻松的感觉，也比较美观，但制作起来比较复杂。栏杆既要做得空透，又要有强度，不但能供人坐下歇息或观览美景，还要有很好的安全性能（图4-31）。

图 4-31　香山工坊内"承香堂"的砖细坐栏施工照片

空心栏杆用砖，挑料要讲究，在拼接处要打上接榫，接榫用硬木做，坐板要平整光洁，线脚和顺。空心栏的造型，也有灯景、矩形、海棠形等等。

4.3.6　花地和花台

古时候，人们多在露天的花园里，用卵石、缸片和砖，铺设地坪，并在地坪上做出各式图案，非常美观，防滑性能极其优越。我们称之为花地。

花台，用于种植花木，特别适宜种植要求排水良好的名贵花卉，如牡丹、芍药、杜鹃花等（图4-32）。花台的植床一般高出地面50～80cm，也可逐级成层叠落，植床四周可用砖石砌护。

图4-32　园林里的花台

几何形状的花台，常用石块或砖块砲筑。一些砖材花台，用磨细方砖砌出较宽的边沿，既有审美功能，又具便于游人坐下小憩的实用价值。拙政园的"拜文揖沈之斋"附近，有一座"三花"砖细花台。狮子林的"立雪堂"前庭院靠墙处，有一座砖细梯形花台，台内有书带草数丛。网师园的"琴室"前小天井内，有一长方形的砖细花台。花台底座雕有精美的纹饰，古色古香。

留园内的砖石花台，更是洋洋大观。"古木交柯"（图4-33）

图4-33　留园的"古木交柯"明式砖细花台

庭院内，靠墙筑有一明式砖细花台，外形为不等边六角形。粉墙上嵌有"古木交柯"砖额上方，并题有跋文。花台花木，粉墙砖额，构成一幅立体的画。"佳晴喜雨快雪亭"内，有一座长方形明式青石花台。花台四周雕饰书卷，两侧线刻缠枝结子图案。花台内植有黑松、地柏和杜鹃，并缀以砂积石，形成一座落地式"大型盆景"。

4.3.7 槛

槛：门槛，门限（《现代汉语词典》2002年增补本，商务印书馆）。

槛又可以分为"上槛"、"中槛"和"下槛"。上槛：安装在门窗构架内最上之横料。墙门石料上槛，亦称套环。中槛：房屋较高，于窗顶加横风窗时，横风窗下所装之横木料。下槛：俗称门槛，即门限，安装在门或长窗之构架内地上之横料。（《营造法原》）。

砖细产品所适用的槛有廊槛和亭槛。

（1）廊槛：在走廊的下部，与地面接触的部分（图4-34），有时在廊中栏杆之下。主要作用是装饰。经过砖细装饰的廊槛，于曲折回环之中表现行云流水般的精美图案，给人以艺术的美感。

（2）亭槛：在亭子的下部，与亭子的台基接触，一般在台基以上30～50cm的高度（图4-35）。亭子飞檐翘角，绿顶红柱，辅以亭槛上古朴优美的砖细图案，可以增加整座建筑物的艺术氛围。

图4-34　廊槛　　　　　　　　　图4-35　亭槛

复习思考题

1. 填空题

（1）在古建筑中，可供选择的铺地材料有（砖）、（石）和

（木）。其中用途最广泛的就是（砖）了。它的吸水性能和防腐性能都很好，再加上它的色泽美观，所以具有旺盛的生命力。

（2）室内铺地时，首先要弄清楚，房间的（开间大小）。因为方砖传统的尺寸很多。有尺六、（尺八）、（二尺）、（二尺二）等。根据房间的大小作一个选择。房间太小的则不宜用（大的方砖），房间太大的不宜用小的方砖。

（3）当我们参观北京的故宫、颐和园和明十三陵等处时，到处可见乌黑的（大方砖）铺地。这种方砖，因它（质量）高，"敲之有（声），断之无（孔）"，光润（耐磨），愈擦愈亮，并专为皇帝使用，供金足踏临，故名（金砖）。

（4）室外铺地的材料，一般用（砖瓦）、（石块）等。有的全部用（小青砖）侧砌。纯砖铺地常侧砌，图形有（人字）、（席纹）、斗方、叠胜、步步胜等。

（5）勒脚是墙体的（下面）部分，为了加大墙体底部与（石脚）的受力面，但又不影响墙体对石脚的（负荷），古人在砌墙时在石脚以上（二尺五寸）左右部分，将墙体加厚半侧砖，再往上砌就收半侧砖，这样既起到（加固墙体）的作用，又能在上下连接的收分处，引成一条很漂亮的（线脚）。所以勒脚有（实用性）和（装饰性）两个作用。

（6）勒脚部分的变化很多。可以用平面的（细砖），做成正方形或（六角形）、八角形等装帖，这种装帖一般要用（扎扣）。（扎扣）的作用是将细砖同墙体扎牢，方法有硬木扎、铁扎、（砖扎）等等。

（7）护墙是保护墙壁的一种设施。古代人在砖身墙体的粉刷上用的是（灰砂），即用石灰与（河沙）的粘合物打底再用（纸筋灰）光面。用这种方法做成的墙面，如果再经白灰水刷一下，也可以用。但（白灰水）很容易弄脏人的衣服，而且这种粉刷体保持的（时间）也不长。所以，稍微讲究一些的居民都要用（细砖）来做护墙。

2. 选择题

（1）据记载，我国古代春秋时期，吴王夫差得到了越国美女西施，为其在苏州木渎灵岩山上盖了一座庄园，名叫（B），其中有一条长廊，地面用方砖铺设，人走上去会发出回声，因此称为"响屐廊"。

A. 阿房宫　　B. 馆娃宫　　C. 未央宫　　D. 万寿宫

（2）砖雕刻法：先设计好图案，然后用手雕或浅浮雕手法在每块砖上进行雕刻。雕刻完毕，将砖墁好，在花饰空白地方抹上油灰（或水泥），码上（A），最后用生石灰粉将表面油灰揉搓干净。砖雕图案一般取材于人物故事、花卉草木、飞禽走兽。

A. 小石子　　B. 煤渣　　C. 玻璃　　D. 水钻

（3）花砖铺地，均须用（C）浸润，成片的花地可以在地面干燥后，将桐油直接浇上，点缀性的花地，就需要在周围围上泥地，使之不向外渗出。

A. 清水　　B. 石灰水　　C. 桐油　　D. 柏油

（4）影壁的勒脚，一般都有砖雕的浓重花饰，所以它的勒脚，适宜做成（D）。

A. 复杂的花卉 B. 石雕　　C. 彩绘　　D. 须弥座

3. 是非题

（1）"金砖"学名叫细料方砖。制砖工序极为严格，从选土开始，通过掘、运、晒、推、舂、筛等六道工序才能得其土（×）

（2）金砖要经过炼泥、澄浆、制坯、阴干，然后才能入窑焙烧。　　　　　　　　　　　　　　　　　　　　　（√）

（3）金砖入窑后，为了防止暴火激烈，需用不同的糠、草、柴、棵等分别焙烧共计七七四十九日，再以洒水后方可出窑。

（×）

（4）金砖的质量要求是：每一块砖表面必须色泽均匀，无任何裂缝、斑渍和缺角，敲之声震而清越者，方算合格。　　（√）

（5）在"拙政园"、"网师园"、"留园"、"狮子林"的铺地中，都有"五蝠捧寿"图，是五只蝙蝠围住正中的一个"寿"

字，喻义"五福捧寿"，象征园主多子多孙，家业兴旺。　　（×）

（6）地穴是指没有安装上门框的门洞，我们用细砖做的地穴，就叫做砖细地穴。　　　　　　　　　　　　　　　（×）

（7）砖细产品所适用的槛有廊槛和亭槛。　　　　　　（√）

4. 简答题

（1）简述室内细墁地面用砖的程序。

答：主要程序如下：1）地面先用素土或3：7灰土夯实。

2）找平。按设计地坪标高找平后，在四面墙上弹上墨线。

3）在房子的两侧按水平线拴两道曳线，在室内正中向四面拴两道互相垂直的十字线，中间一趟安排在室内正中。

4）计算砖的趟数和每趟块数。

5）在靠近两端曳线的地方各墁一趟砖，叫做"冲趟"。墁砖铺泥用白灰、黄土按3：7的比例调和而成。砖缝用油灰填塞。

6）墁完后用墩锤轻轻敲打，使所墁的砖平顺、缝严，与铺泥接触牢靠。然后将砖揭下，逐块做上记号。再在泥上泼洒白灰浆，用麻刷沾水将砖两肋里楞刷湿，再在砖的里口抹上油灰，按原来位置墁好后，用碳锤轻轻敲打，使砖平顺、缝严。将多余的油灰抹掉，用磨石将凸起部分磨平。墁每一趟都需如此操作，全屋墁好后，进行打点，清扫干净，待地面干透后用生桐油在地面反复涂抹或浸渍。

（2）简述如何往金砖上浇桐油。

答：具体操作如下：方砖地铺设好后，打开门窗，让砖地晾干到发白的程度。然后，将煮热的桐油浇在平地上。有条件的浇高二寸。让方砖自然吸收，一般浸油一个月左右，有的时间可以长一些，但要观察好，不能让油被方砖吸干，因为油如果被吸干会在方砖面上结一层油皮，因氧化而变色。浸到一定的时间，把油用木铲铲掉，再用麻布抹干净，数天后就能用。

（3）简述勒脚的设计要求。

答：勒脚的设计要求是：

1）基层墙体的挠度不应超过 $L/240$，其中，L 为建筑层高。

在墙体系统某些部位，如 2.4m 以下，有抗冲要求时，需采用加强型系统。

2）标准网布在系统下列终端部位应进行翻包：门窗洞口、管道或其他设备需穿墙的洞口处；勒脚、阳台、雨篷等系统的尽端部位；变形缝等需要终止系统的部位；女儿墙的顶部。

3）系统在以下位置应设置系统变形缝：

a. 基层墙体设有伸缩、沉降缝和防震缝处；

b. 系统需设置变形缝处：预制墙板相接处；基层墙体材料改变处；外保温系统与不同材料相接处；墙面的连续高、宽度每超过 23m，也未设其他变形缝处；结构可能产生较大位移而又未设置结构变形缝处，如建筑体型突变或结构体系变化处。

4）建筑外立面的颜色应结合当地的气候条件选择，在炎热地区不宜选用深色涂料。

5）墙体系统的透气性能，基层墙体内表面不宜采用不透气材料，如乙烯类墙纸。

6）为有利于水蒸气在墙体中的扩散运动，外墙面层涂料的水蒸气渗透阻不应大于 $694m^2 \cdot h \cdot Pa/g$ 或 $0.193m^2 \cdot s \cdot Pa/g$。

（4）简述勒脚施工中标准网格布的两种铺设方法。

答：方法一：二道抹面浆法（推荐采用此法）。用不锈钢抹子在聚苯乙烯板表面均匀涂抹一道厚度为 1.66mm 的抹面胶浆（面积略大于一块网格布范围），立即将网格布压入湿砂浆中，待砂浆干硬至可碰触时，再抹上第二道抹面砂浆，直至全部覆盖网格布，此时，网格布约处两道砂浆的中间层位置。

方法二：一道抹面砂浆法（供选择使用）。用不锈钢抹子在聚苯乙烯板表面均匀抹一道厚度 2.5mm 的抹面砂浆（面积略大于一块网格布范围），立即将网格布压入湿砂浆中，使网格布无任何可见纹路。

（5）解释一下"吴王靠"。

答：吴王靠，是栏杆的一种。一般置于水榭等临水建筑的面水一侧。由靠栏和坐凳两部分组成。有的坐凳面和砖细半栏一样，采用方砖铺砌。狮子林的"真趣亭"内的吴王靠，坐凳为方砖，靠栏雕有八卦图案。

（6）什么叫"漏窗"。

答：漏窗又叫花窗、透花窗、花墙洞。是以砖、木、瓦构成不同图案，中空。以便凭眺及避外隐内之用。按制作材料不同，可分为砖瓦漏窗、水作漏窗、砖细漏窗、琉璃漏窗、石作漏窗等。

5 墙门、库门、影壁与门楼

教学目标

了解墙门、库门、影壁与门楼的区别，掌握墙门、库门、影壁、门楼的种类、形制和设计手法、砌筑技巧；熟悉各种墙门、库门、影壁与门楼的代表作品及其特点。

5.1 墙门、库门、影壁与门楼的关系

我们在研究或者从事砖细工作的时候，应该对古建筑的形制有所了解。更需要搞清各种构件的名称和习惯叫法。

墙门，有一个传统的概念，凡有墙门的建筑体必然会有天井，也就是说起码有前后两组建筑，或者在一根中轴线上有更多的建筑群。墙门，是这建筑群的大门，在整个建筑的最前面，一组建筑的中央一间。只有这么一间的边上有围墙，或者是左右接围廊，绕通第二组建筑体。

这中央一间俗称"墙门"，也有称"祥门"的，有人认为是取吉祥之意，其实，主要是因为地区方言中"墙"与"祥"两字同音所致。这墙门的开间有大有小，但很少把它做成砖细的雕花墙门，最多只是在某个部位点缀

图 5-1　较为简单的雕花墙门

一些砖细花纹（图 5-1）。

此类墙门如果是六扇门的大墙门，后面可能会有两重门，两重门后面依次是轿厅和有面向大厅的雕花库门（图 5-2）。

有的在大墙门步柱上装门，进行后可以看到天井的前部，那是建筑的影壁。影壁立在天井里，一来可以遮掩后面大厅的面貌，以免庭院直面大街；二来可以阻挡强风，以免风势过大时直冲大厅。

还有一种情况就是大墙门的两旁，做一些照墙，有一字铺开的，有八字形的，八字照墙较为常见，设计巧妙之处，犹如皇宫，又似仙境。游人看后往往会产生幻觉，忘却苏州城市，只觉得身在山水之间（图 5-3）。

图 5-2　江苏巡抚衙门的墙门　　　图 5-3　言子书院的八字形照墙

5.2　墙门和库门

5.2.1　历史上的墙门特点

在封建社会里，宅第、屋宇的营造，有着严格的等级规定。皇家殿宇，州府宅院，有着明确的区分。以清朝为代表的最高级形制的大墙门，为北京故宫的天安门、端门、午门、太和门九开间，重檐歇顶山，北京醇亲王府的正门，五开间，中间三间是对开平板门，两边是门房，正面可见枋以上的木结构，均施以重彩，柱门均漆成大红色，整个大门给人一种富丽堂皇的豪华气派

（图 5-4）。这种府第大门是屋宇式大门中等级最高的形制，是皇族才能享用的等级，是门中的贵人。

贵族的门可以造大墙门，只是不能仿效王府大门，但也没有规定说：王府以外，其他人的宅第就不能有墙门。只是要造得小心，少一点气派和华丽。

历史是社会发展的一面镜子。历史上的许多乡绅、地方官，为了把自己的宅第门建造好，一开始就在权限所及的大小范围内动脑筋，既能避闲忌讳，又不失精致气派。开始时，在小墙门的垛头上，施雕一定砖细的花纹（图 5-5）。后来再逐步发展，形成了比较繁杂的门楼。

图 5-4　醇亲王府大门

图 5-5　比较繁杂的门楼

大门砖细，福建较多，造型大多为在正面屏风墙上开正门，在正门的左右和上方施以雕刻的细砖（图 5-6），1～3 层均为可见，根据实力而作。

封建社会的等级观念，对墙门的设计有一定的约束，但它并不能压制住人民对美和美好生活的追求和创造，千百年来，我国劳动人民创造的砖细墙门罗列起来，形成一个艺术的迷宫，多姿多彩，美轮美奂。

图 5-6　福建泰宁尚书第

5.2.2 例释

（1）苏州拙政园的大门，可谓江南墙门一绝

拙政园的墙门由三个门洞组成，正中一个门洞的门楣上砖刻的"拙政园"三字古朴浑厚；左边一个门洞的门楣上砖刻"疏朗"二字清新秀丽；右边一个门洞的门楣上砖刻"淡泊"二字庄

图 5-7　拙政园的大门

重典雅。大门上方的砖瓦屋脊、飞檐翘角八面玲珑，给人以超凡脱俗之感（图5-7）。大门中间一个门洞周围的墙面上，贴砌着经典的砖细，由许多方形的细砖精密拼合而成。色泽雅致，淡灰中透出微黄，古朴中见气派，淡雅中显温和。整座大门端庄

持重，昂首挺立，与周围的松柏、香樟交相辉映，共同构成美丽的图画，令人望而驻足、叹为观止。

拙政园的大门是开放式的门洞，没有安装可供开关的门。这样一来，即使主人不在，客人也不会有太大的遗憾。因为客人可以直接进入院内，欣赏到如诗如画的美景，产生宾至如归的感觉。你看那三个门洞，日夜敞开，像是主人随时都在期盼、迎接客人的到来，又像是主人殷切地召唤：归来吧，归来哟，满怀疲惫的友人，这里是你温暖的家园，我将为你抚平心灵的创伤，我将为你洗去一路的征尘。古时宅第的大门往往是朱门紧闭，客人到时，只得连敲门环，耐心等到主人前来开门，才能进入。而拙政园的大门却畅通无阻，从中也可想见主人的心胸是何

图 5-8　拙政园内部景观（芙蓉榭）

等宽广！

拙政园有苏州园林之冠的美称。这里由名画家文徵明设计，历时 16 年才建成。这是明代监察御史王献臣解甲归田后所建私家花园（图 5-8）。

（2）苏州全晋会馆大门是不多见的配以八字照墙的大门

全晋会馆门前的八字照墙，别具一格。它好像主人伸开的双臂，正欲热情地拥抱来访的客人（图 5-9）。客人若远道而来，风尘仆仆，可以在照墙的遮掩下，整理衣冠，然后再进入主人的院中。遇到雨雪天气，这八字照墙还会为来去匆匆的行人遮风挡雨。它不仅代表着友谊，更象征着一种博大无私的爱心。用"古道热肠"一词来形容是最恰当不过的了。这八字照墙又像是一位神圣仙佛，扬起巨大的臂膀，接受四方的顶礼膜拜。

图 5-9 全晋会馆的八字照墙

然后把恩情泽被五湖四海，把智慧播撒千秋万世。还俨然一位白发须眉的长者，轻抬双臂，招呼子孙，或许要开一个重要的家庭会议吧。在会议上要宣布一项重要的决定？还是准备开创一项伟大的事业？这不禁令人想起愚公移山的故事，人心齐，泰山移。在一个家族中，一位智慧的老者，其地位和作用是无法替代的。而这八字照墙，相对于整个建筑来说，不就像无法替代的长老吗？

（3）广东佛山祖庙内的墙门，被喻为岭南一绝

墙门两旁墙壁上的砖雕，题材十分广泛。所塑造的各种故事人物、鸟兽花卉等，大都构思新奇，刻画细致，生动传神，耐人寻味。20 世纪 80 年代中后期祖庙每年接待游客超过 100 万人次，1988 年游客人数更超过 200 万人次。由于祖庙的建筑经历数百年仍保存完好，且该处古建筑群本身具有重要的文物价值，

图 5-10　佛山祖庙的砖雕牌坊

它的建筑装饰和庙内陈设如砖雕、灰塑等都是不可多得的艺术珍品（图 5-10），文物出版社在 1994 年专门印刷出版了介绍祖庙的大型画册《佛山祖庙》一书。1996 年佛山祖庙被升格确定为第四批国家级文物保护单位。砖雕牌坊坊额上的"褒宠"二字是明正德皇帝手书。墙门上的砖细作品，历经 300 多年的日晒雨淋，仍旧光亮如新，可见其制造质量之上乘。

5.2.3　库门

库门一般属于内院大门，两扇门对开，讲究的门上钉上细砖。（图 5-11）

库门沟通前院和后庭，是供人进出的地方。面朝后庭，单面设计制作。屋顶有"人"字形，代表"天人合一"的儒家思想。也有带歇山的，歇山形如官帽，寓意平步青云，官运通达。库门两边的墙很高，称为"塞口墙"，可以避风，兼作防火之用。

图 5-11　苏州山塘街雕花楼内的墙门上钉有砖细门扇

库门属内院的大门，不需要什么忌讳，历史上的乡绅、官衙为了显示自己的文化修养和经济实力，在这个库门上总要讲究一番。在这一层面上，人的理念和欲望变化无穷，也促进了库门工艺的发展。全国各地，在各自的辖区，在自己信仰的驱使下，创造了一个又一个，令人眼花缭乱的内院大门世界。

我国的地理位置在赤道以北，故而我国的宅第大门设计，朝南开的比较多见，大门进去再往里走，就要经过内院的库门。有的在库门与门前大墙之间有轿厅（图5-12），这样，在轿厅与大墙门之间即有两重门。进入轿厅，心神宁静，恍然隔世，

图 5-12　网师园的轿厅

往事依稀浑若梦，轿铃叮当故人来。

5.2.4　墙门和库门的制造

当我们有了制造墙门或库门的目的时，就很可能把制造化作一种行为各种准备工作就绪之后，下一步的具体工作将由工匠们去操作并完成。对于砖细工作者来说，不管是设计者，还是工匠，在整个过程中都是重要的角色。

（1）起造者的理念

我们在设计、制作墙门或库门时，会碰到各种各样的起造者，他们中有商人、农民、教师、技术人员以及相关企事业单位工作人员等等。各人的信仰、追求、社会地位等均有所不同，因此，我们在着手设计时，就要对起造者有比较充分的了解。必要时要与起造者进行一些直接或间接的交流和沟通。特别是当某些起造者的思想境界和艺术追求较深刻时，更要作细致的分析、研究，力求做到基本上把握起造者的起造愿望。只有这样，才可避免张冠李戴的情况出现。

在尊重起造者的前提下，我们还要充分发挥主观能动性，对起造环境进行大量理性的思考，对作品进行艺术化处理，以求作品与整个大环境布局相协调，并取得优美的艺术效果。

（2）形制

墙门和库门的形制，受封建礼教的影响，也受人们思想观念的影响。这种影响约束着制造行为的自由，同时也激发了制造者

的艺术想象力。"小中见大"、"窥一斑而见全豹"、"满园春色关不住，一枝红杏出墙来。"、"千呼万唤始出来，犹抱琵琶半遮面。"、"众里寻她千百度，蓦然回首，那人却在灯火阑珊处。"……于有限的空间，创造出无尽的意境，令人遐想万千。

图 5-13　斗栱的某些部位设置三飞砖

例如，库门的形制，有硬山和歇山等几种。硬山的屋面，泼水成"人"字形，蕴含"天人合一"的儒家思想；歇山屋顶成官帽形，也符合一般人"官运亨通"、"福禄双全"等的思想；在屋顶下面，定盘枋的上部，可以设斗栱。斗栱的设置，会增加建筑物的豪华气派，它是高贵典雅的象征。可斗栱的设置，在过去要考虑到封建礼教的限制。于是人们便在斗栱的某些部位设置三飞砖。三飞砖层层迭出，层层高起，对出檐有所帮助，而且具有一定的观赏性，又能满足人们"步步高升"的心理需求（图 5-13）。

总体形制确定之后，在人们余兴正浓、若有所思之后，往往在墙门或库门的出面部分，施以各式纹样，然后加以雕刻。不久，出现在人们眼前的就会是美若仙境的各式图画了："若乃春风春鸟、秋夜秋蝉，夏云暑雨、冬日祈寒。"、"松下问童子，言师采药去。只在此山中，云深不知处。"、"红酥手，黄藤酒，满城春色宫墙柳。……"、"唱繁华，颂和平，笙箫锣鼓管弦急。"、"月落乌啼霜满天，江枫渔火对愁眠。姑苏城外寒山寺，夜半钟声到客船。"……

（3）雕刻

墙门和库门的雕花部分，有很多的图案供选择。现存的我国古代建筑群中，我们发现在同类型的建筑群中，同类型的墙门和库门，在雕花部分的题材选择方面，却出现了截然不同的题材。

认真地阅读这些历史作品，可以从一个侧面对历史的文化、经济、历史等方面有一定深度的了解。笔者认为，在整座建筑形式中，最能直接表现人们情感的部分，应在砖雕的设计题材中。可能有些人会在居室内挂上一幅或几幅画，但与砖雕相比，所挂的画给人一种不够稳定的感觉，因为挂画可以移动。也许一幅画可以挂上几百年，但砖雕可以保持上千年不坏，几乎是一种永恒的装饰艺术品。它所带给人们的不仅是优美的艺术享受，更使人们内心具有充实感、踏实感和安全感。经常欣赏砖雕作品的人，都会有一种同样的感受："不管风吹浪打，我心依旧。任它弱水三千，我只取一瓢饮。"砖雕可以成为人们心灵的归宿。无论是凡尘琐事，还是宦海浮沉，只要拥有一幅精美的砖雕作品，便可以做到：处乱不惊，临危不惧。宠辱不惊，看庭前花开叶落；去留无意，望碧空风卷云舒（图5-14）。笔者曾有幸欣赏到一幅《赤壁大战》砖雕作品，当时即刻联想到的就是《三国演义》开篇词："滚滚长江东逝水，浪花淘尽英雄，是非成败转头空。青山依旧在，几度夕阳红。白发渔樵江渚上，惯看秋月春风。一壶浊酒喜相逢，古今多少事，都付笑谈中。"感觉自己的思想得以升华，灵魂得以净化。啊，艺术的魅力，谁能说得清？

图 5-14 网师园门楼及其精美的雕花

作为一个砖细工作者，要学习历史知识，并灵活运用到工作中去，用砖雕形式来充分表现各种情感、思想，给人美感的同时，激浊扬清，弘扬正气。当然，一定要注意满足起造者的具体要求和愿望。比如，有些起造者希望早生贵子，我们就可以给他雕一幅"送子观音"或"天仙送子"，来满足他求子的愿望。如果有人谋求仕途，则可以设计诸如"状元及第"、"平升三级"、"步步连升"或"祥云福禄"之类的图案。

在总体设计上要力求大气。对私家花园和州府衙署应该有所区别。一般来讲，为州府衙署设计的东西，可以搬到私家花园中，但是，私家花园的设计不能全部搬到州府衙门中。为州府衙署设计的东西，应该具有更广泛的意义。而私家园林的设计在思路上要收敛一些。

针对某些具体个例，如对学校、寺院、会馆等的设计，在动笔前要研究个例的特点，要同起造者充分沟通。如果不能正确了解个例的特点，而草率地进行设计和制作，会出洋相的。

砖系雕刻设计中，可喜的是它还有 12 诀可以参考，这是历代工人的经验总结。

景物诀有："春景花茂。秋景月皎。冬景桥少，夏景亭多。"

春景："游人踏青，花木隐约，渔牧唱归。"夏景："人物摇扇倚亭，行旅背伞喝驴。"秋景："雁横长空，美人玩月。"冬景："围炉饮宴，老樵负薪。"风天雨景："行人撑伞，渔夫披蓑衣。"雪景："路人有迹，雪压石木。""冬树不点叶，夏树不露稍，春树叶点点，秋树叶稀稀，""远要疏平近要密，无叶枝硬有叶柔，松皮如鳞柏如麻，花木参差如鹿角，""山要高用云托，楼要远树木掩，""四时点景：正月涨彩灯，二月放风筝，三月花丛丛，四月放棹艇，五月酒帘红，六月荷花生，七月看天星，八月月当明，九月登高阁，十月调鸟虫，十一月摆盆景，十二月桃符更。"

人物诀有："富人样：腰肥体重，耳厚眉宽，项粗额隆，行动猪样，""贵人样：双眉入鬓，两目精神，动作平稳，方是贵人，""贵妇样：目正神怡，气静眉舒，行止徐缓，坐如山立，""娃娃样：胖臂短腿大脑壳，小鼻大腿没有脖，鼻子眉眼一块凑，千万别把骨头露，""美人样，鼻如胆，瓜子脸，樱桃小口，蚂蚱眼，要笑千万莫口开，""三星样：'福'，天官样，耳不问，天官帽，朵花立水江涯袍，朝靴抱笏玉绦髯，'禄'，员外郎，青软巾帽，绦带绿袍，携子又把卷画报，""寿"，南极星，绾官玄氅系素群，薄底云靴手拄龙头拐杖，""罗汉样：四个西番深目高鼻，四个慈眉善目，四个老态龙钟，四个年少和尚把膝听经，或捧香献花，或将眉托钵，或降龙伏虎，各星神统，""罗汉形象，各人各样，挖耳探手，骑狮骑象，衣衫不整，行动乖张，形象古怪，不守规章，""丫环样：眉高眼媚，笑容可掬，咬指捏巾，掠鬓整衣，""富道释，穷判官，辉煌耀眼是神仙。"

鸟兽决有："十斤狮子九斤头，一条尾巴托后头，十鹿九回头，""抬头羊，低头猪，怯人鼠，威风虎，鸟嗓夜，马嘶蹶，牛行臣人，狗吠篱，捉鼠猫，常洗脸，""龙，鹿角、虾眼、凤爪、牛鼻、鱼鳞、蛇身、团扇尾。"

在砖细雕刻图案中，人物的造型最重要，封建社会帝王将相，才子佳人，耕樵渔读，释道神圣的设计，不同的朝代，不同的民族，不同的风格，不同的阶段，不同的特点，突出设计的主题。在人物造型比例的设计要夸大一些，提高头部的比例尺度，头肩与身高比为 1：5～1：6 之间，而我们正常人的比例为 1：7.5。同时头部与五官之间的比例也要夸张一些，将人们的喜怒哀乐，笑容可掬，亲密无间表情表达得淋漓尽致，能让人们察觉起来，否则一个十多公分高的人物造像，处在了 3 米多高的空间，而时受逆光的影响，人们是无法来体会作品的神韵的。

在砖雕设计中，对传统题材要作修改和提高，与时俱进。如："（1）袁小芳在审定寒山寺大钟飞天造像图案时，曾发现有的飞天的双手都是右手，有的飞天的脚都是左脚，都是设计人员从敦煌壁画中搜集来，而古代工匠当时是顺势而画的。（2）在审定寒山寺九狮图时，九只狮子造型自然，生动活泼，有蹲有跳，有滚有跑，在图中反映的狮身长度是可变化的，而狮身背部的脊椎骨数量应该是统一一致的，但经现场考核，发现少的只有八颗脊椎骨，多的达十三颗背脊椎。（3）在雕刻中发现大象的脚趾数量为没脚 3 个，由雕塑工艺大师商榷，他说他们历代都是这样定的，而现在文明发达，见到真象的人越来越多了，而大象的脚趾是每脚四枚。（4）曾发现有一位技师在白鹤寺大殿层背椎塑图案时，将道内的暗八仙用到了佛教的主建筑上。（5）在方丈楼大梁雕刻中已经使用了电脑作业，电脑雕刻，操作人员为了节省时间，他将大梁两端部的图像做了反相作理，这样两端部造像成为对称的造像，节省了时间，而另外一尊造像法器变成右手拿了，身上衣服变成了左面开烤了，因此在设计中作风一定要严勤，及时发现及时纠正，以便文化的传承。

砖雕图案的设计，是砖雕工程的前导和灵魂，因此对图案内容的修整和审定非常重要，特制图案中的人物处理，人物的五官处理，山水天空间处理，动植物造型，季节的变化和特征，当地的民俗，风俗习惯要能正确反映出来，须用放大镜对人物身体结构的比例、五官位置的比例，人物的表情喜怒哀乐的变化，进行推行性研究，对图案作技术修正，艺术补充，体量调整，使图案更为逼真，更为传人，更有生气和灵气。

砖雕的过程，砖块烧制成型以后，以青灰式的为最佳，在正式雕刻前，还要对砖面进行细致的打磨，将青灰砖磨成表面平整、光洁、厚薄一致，磨平后的砖要质地细腻纯净，软硬适中，色泽一致，砂眼少，敲击声清脆，没有劈裂声，才能用来雕刻，雕刻一般包括三道工序，是在砖面上刷一层白浆，将图案稿平贴在上面，或用红色复写纸，将图案均划复印在贴面上，线纹清晰，用小錾子将雕刻部位以外的部分剔掉，凿出大致的立体轮廓。因此第一道工序应该是打坯，即从雕刻的选题，构思到砖面上形象布局的过程，这一过程主要是凿出画面的轮廓及物象的深浅，确定出画面的大体层次及画面物象的初步位置。

第二道工序叫"出细"，即对形象进行细致雕刻，把打坯阶段完成的轮廓再作具体深入的刻画，具体的做法是用錾子沿已经凿出的浅细线进行细致雕琢，将图案中的细枝末节，如人物的表情，花草的叶子等雕刻清晰，使雕刻形象——成型，然后用磨头图案的粗糙不平之处细细磨平。这道工序使一块块青砖从匠人的手里变得鲜活起来，有了感人的灵性。

第三道工序：是对"出细"后的作品作进一步的修整，粘补，排挤和做榫，这也是砖雕工艺中的点睛之笔，修整是统观全局，在整体的全局下，强调对重点和细部的精雕。粘补是对在雕刻过程中形成的残缺或对砖的砂眼进行找平，这种药即砖灰胶粘剂。通常用漆或白灰加工成砖面，并加少许青灰调剂而成。也有用二分砖灰加一分水泥配级用砖灰加胶水作修补，用砖灰加猪血作修补等。拼是几块砖上分开雕刻的作品局部组合成一个整体的图案，精致，完整一气呵成。做榫是将砖雕镶嵌到建筑上。

砖雕技法概括起来主要有线刻、平雕、浮雕、透雕、圆雕等。

平雕：是在同一平面上进行图案雕刻的手法，它通过粗细、松紧有度的线条表现各种形象。

浮雕：分为浅浮雕和高浮雕两件，是在砖雕面上凸刻出相对完整的半立体的物象的方法。高浮雕为了突出主题和物象动态进行刻画，常在浮雕凸起的物象表面以各种线条勾勒细部，使形象更为细致。

透雕：即镂空雕刻，是一件比浮雕层次更为丰富的雕刻手法，用这种方法雕刻的物象起伏更大，形象更深入。对细部的刻画更为精致，镂空的部位近似圆雕。

圆雕：是一件完全立体的雕刻，有实在的体积，可以从各个角度欣赏。

贴雕：为了画面层次的丰富和表现的需要，砖雕艺人发明了贴砖技术，即在砖面上再加小砖，这一做法丰富了砖雕的层次，增加了画面的空间感，方便了雕刻操作，现在由于新式胶粘剂（502）胶水应用，贴砖的层次达到了3～4层，大大增强了艺术效果，节约了大量原材料（方砖），减少了砖灰产生，增添了活力。

线刻、平雕、浮雕、透雕、圆雕、贴雕等技法综合运用，而砖雕花样更为繁多。

窑前雕：试讲砖坯阴干，先雕刻成型，再置窑中烧制，制成的砖雕造型细腻，线条柔和，层次剔透，透雕（也称镂空雕）即是采用此法，由于砖雕表面受高湿形成结晶，因此砖雕表面强度较大，吸水率小，防冻性高，操作方便，我国汉代的大型画像砖都是窑前烧，在建筑的层面的龙、凤造型都应位于窑前烧，并已阵式化，用范模来制作，批量生产，但烧制时容易变形，砖色不易掌握，反复实践，控制砖坯干度，选择窑中最佳位置，现寒山寺有多幅窑前雕作品，有的精耕细作，有的体量巨大。

由于各地区自然环境和风俗人情不同，地域文化的传承也有较大差异，因此各地的砖雕也出现了不同的风格特征。以苏州地区为代表的南方砖雕艺术，整体风格空灵巧妙，呈现出秀丽雅致，精巧细腻的特点。苏州砖雕以明清时代最为兴盛，当时府衙、寺庙、道观、会馆、会所、居民门楼上砖雕、石雕、木雕很普遍。砖雕艺人采用浅浮雕、高浮雕、透雕、圆雕和线刻等技法，根据房屋主人的地位，爱好不同，进行专门设计和雕刻，其中以浮雕最具特色，有些画面的精彩部分，如砖雕中的花朵、兽头、八仙、三星等，常常单独制作，再镶嵌在砖面上，大型砖雕采用拼接的方式来完成，有两拼、四拼、六拼、八拼等独立制作的砖雕，拼砌安装在一起，就形成了巨幅的形制。其特点是线条密集苍劲，纤细均匀。苏州民谣里的"花墙头，瓦子格"即指砖雕。苏州砖雕技艺精湛，构思巧妙，细微处都处理的精致细腻，表现题材以人物故事和吉祥图案为主，内容包括人物、山水、花鸟、鱼虫、祥禽、瑞兽等，自明清以后，苏州砖雕逐渐形成了典雅细致的风格，浮雕、镂雕、圆雕、丰圆雕等雕刻手法并用，并有了"南方之秀"的美誉。苏州砖雕最大的特点是充分融合了吴文化和民间艺术的精华，具有几分儒雅之气，大多数苏州砖雕的门楼，额有名人题字，精细的砖雕衬以多变的书法，使苏州建筑更添了几分书卷气。如苏州网师园"藻耀高翔"门楼的装饰，正中镶嵌的"藻耀高翔"匾额字体道劲有力，与饰满花卉的额坊，雕刻的斗栱，花纹繁丽的挂落相互映衬，将苏州砖雕的儒雅展现得淋漓精致。

复习思考题

1. 填空题

（1）凡有（墙门）的建筑体必然会有（天井），也就是说起码有前后两组建筑，或者在一根中轴线上有更多的建筑群。（墙门）是这建筑群的大门，在整个建筑的最（前面），是一组建筑的（中央）一间。

（2）（影壁）立在天井里，一来可以（遮掩）后面大厅的面貌，以免（庭院）直面大街；二来可以阻挡（强风），以免风势过大时直冲（大厅）。

（3）清朝最高级形制的大墙门的代表，是北京醇亲王府的正门，共有（五开间），中间三间是（对开平板门），两边是（门房），正面可见枋以上的木结构，均施以（重彩），柱门均漆成（大红）色，整个大门给人一种富丽堂皇的豪华气派。

（4）库门沟通前院和（后庭），并且供人进出的地方。面朝后庭，单面设计制作。屋顶有（人）字形，代表"天人合一"的儒家思想。也有带（歇山）的，歇山形如（官帽），寓意平步青云，官运通达。库门两边的墙很高，称为"塞口墙"，可以（避风），兼作（防火）之用。

（5）我国的地理位置在（赤道以北），故而我国的宅第大门设计，朝（南）开的比较多见，大门进去再往里走，就要经过（内院）的库门。有的在库门与门前大墙之间有（轿厅），这样，在轿厅与大墙门之间即有（两重门）。进入轿厅，心神宁静，恍然隔世，往事依稀浑若梦，轿铃叮当故人来。

（6）在设计、制作（墙门）或库门时，会碰到各种各样的起造者，他们中有商人、农民、教师、技术人员以及相关企事业单位工作人员等。各人的信仰、追求、社会地位等均有所不同，因此，我们在（设计）时，就要对起造者有比较充分的（了解）。必要时要与起造者进行一些直接或间接的（交流和沟通）。

（7）库门的形制，有（硬山）和（歇山）等几种。（硬山）的屋面，泼水成"人"字形，蕴含"天人合一"的儒家思想；（歇山）屋顶成官帽形，也符合一般人"官运亨通"、"福禄双全"等的 思想；在屋顶下面，（定盘枋）的上部，可以设（斗栱）。起到增加建筑物的豪华气派，它是（高贵典雅）的象征。

2. 选择题

（1）照墙有一字铺开的，有（C）的，这种照墙较为常见，设计巧妙之处，犹如皇宫，又似仙境。

A. 二字形　　 B. 十字形　　 C. 八字形　　 D. 万字形

（2）大门上的砖细，（A）较多，造型大多为在正面屏风墙上开正门，在正门的左右和上方施以雕刻的细砖，1～3层均为可见，根据实力而作。

A. 福建　　　 B. 浙江　　　 C. 安徽　　　 D. 东阳

（3）拙政园有苏州园林之冠的美称。这里由名画家（C）设计，历时 16 年才建成。这是监察御史王献臣解甲归田后所建私家花园。

A. 顾恺之　　 B. 唐伯虎　　 C. 文徵明　　 D. 倪云林

（4）库门一般属于内院大门，一般是两扇门对开，讲究的门上钉上（D）。

A. 铜皮　　　 B. 竹片　　　 C. 玉石　　　 D. 砖细

3. 是非题

（1）在封建社会里，宅第、屋宇的营造，有着严格的等级规定。皇家殿宇，州府宅院，有着明确的区分。　　　　（√）

（2）封建时代，贵族的门也可以仿效王府大门，但不能施以彩绘。　　　　　　　　　　　　　　　　　　　　（×）

（3）封建社会的等级观念，对墙门的设计有一定的约束，严重阻碍了劳动人民对美和美好生活的追求和创造，千百年来，我

国劳动人民创造的砖细墙门只是一种单一的建筑形式。 （×）

（4）拙政园的墙门由三个门洞组成，大门中间一个门洞周围的墙面上，贴砌着经典的砖细，由许多方形的细砖精密拼合而成。色泽雅致，淡灰中透出微黄，古朴中见气派，淡雅中显温和。整座大门端庄持重，昂首挺立，与周围的松柏、香樟交相辉映，共同构成美丽的图画，令人望而驻足、叹为观止。 （√）

（5）苏州全晋会馆大门是不多见的配以一字照墙的大门。
（×）

（6）广东佛山祖庙内的墙门，被喻为岭南一绝，1996 年佛山祖庙被升格确定为第四批国家级文物保护单位。砖雕牌坊坊额上的"褒宠"二字是清代乾隆皇帝手书。 （×）

（7）墙门的设计有着一定的规范和形制，对于非专业人员很难理解，因此我们在设计时，不需要与起造者进行沟通和交流。
（×）

4. 简答题

（1）试用文学手段对全晋会馆的八字照墙进行描写。

答：全晋会馆门前的八字照墙，别具一格。它好像主人伸开的双臂，正欲热情地拥抱来访的客人。让每一位风尘仆仆、若远道而来的客人，可以在照墙的遮掩下，整理衣冠，然后再进入主人的院中。遇到雨雪天气，这八字照墙还会为来去匆匆的行人遮风挡雨。它不仅代表着友谊，更象征着一种博大无私的爱心。这八字照墙又像是一位神圣仙佛，扬起他那巨大的臂膀，接受四方的顶礼膜拜，然后把恩情泽被五湖四海，把智慧播撒千秋万世。它还俨然是一位白发须眉的长者，轻抬双臂，招呼子孙，或许要开一个重要的家庭会议吧。在会议上要宣布一项重要的决定？还是准备开创一项伟大的事业？这不禁令人想起愚公移山的故事，人心齐，泰山移。

（2）简述建筑上砖雕的设计和应用。

答：在整座建筑形式中，最能直接表现人们情感的部分，应在砖雕的设计题材中。可能有些人会在居室内挂上一幅或几幅画，但与砖雕相比，所挂的画给人一种不够稳定的感觉，因为挂画可以移动。也许一幅画可以挂上几百年，但砖雕可以保持上千年不坏，几乎是一种永恒的装饰艺术品。它所带给人们的不仅是优美的艺术享受，更使人们内心具有充实感、踏实感和安全感。经常欣赏砖雕作品的人，都会有一种同样的感受："不管风吹浪打，我心依旧。任它弱水三千，我只取一瓢饮。"砖雕可以成为人们心灵的归宿。

（3）简述建筑砖雕的设计要求。

答：砖雕设计在总体设计上要力求大气。对私家花园和州府衙署应该有所区别。一般来讲，为州府衙署设计的东西，可以搬到私家花园中，但是，私家花园的设计不能全部搬到州府衙门中。为州府衙署设计的东西，应该具有更广泛的意义。而私家园林的设计在思路上要收敛一些。

6 砖细的卯榫结构及安装

教学目标

全面了解和掌握砖细的卯榫结构，掌握砖细卯榫结构的各种连接方法和安装技巧。

6.1 卯 榫 结 构

砖细的作品，均出现在建筑物的表面。为了牢固地安装，以达到足够的安全性，一般情况下，在砖与建筑物体之间，都采用一种连接的结构，这种结构我们称之为卯榫结构。

细卯榫的结构，可以是砖质的，也可以是木质或铁质的。在做木质和铁质的接榫时，要尽可能使卯榫密封，以免锈蚀。接榫不能暴露，在安装时要注意隐蔽。

（1）平头接（图 6-1）

（2）转角接（图 6-2）

图 6-1　砖细平头接示意图　　　　图 6-2　砖细转角接示意图

（3）制作卯榫结构用的工具，同木工使用的工具基本相同，少数工具还可以借凑木工用具。批量做时，如果木工的锯子和刨刀的硬度不够，可以用锻工用的锯子锯，也可用这种锯条做成剑刀。在使用锯子和剑刀时，要用水，也就是说做时要加水，以免工具因为过热，而缩短使用寿命。

要用凿子时，可以用雕刻凿子，如果敲击的强度较大，则要选择韧性较好的凿子，以免爆裂。

一般情况下，在制作卯榫时，细砖已经成型，为了避免破坏砖面和砖角，加工的台面要选用木质的。如果要加以固定，也不要用金属件，而要用木扣和软绳。

如遇给精雕细刻的作品做卯榫，更要格外小心。雕刻面要用木板封好，以免造成破坏。这种工作最好挑选耐心细致的师傅操作。

做好的卯榫要首先进行试安装。砖细卯榫不同于木质卯榫，木质接榫可以用榔头敲，如有不准，可以着力矫正。砖细卯榫在安装时，如果过分用力，容易造成断裂。而且，砖细卯榫要求做到准确无误，安装时才能达到紧密、严实、美观、耐久的效果。必要时可以制作样板，以便于及时修正误差。试安装时要平起平放，不可翘裂。如有误差，可以用硬木材料填充，加以修正（图6-3）。

图 6-3　砖细构建的试安装

对砖系安装技术的补充。

（1）在砖细安装前应全面审查，审定，各类砖系构件的型号，规格，数量，色泽，质量水平。并作分件，分类编号记录，确定砖细字牌的排列顺序，因为字牌内容比较深奥，严谨，再复核建筑砌体的几何尺寸，水平线，垂直线，中轴线，与设计尺寸误差，与砖细构件有无公差，并确定公差的方法。

（2）砖细安装的粘结材料的补充，对仅用安装砂浆的要求很高。首先应将砖细面用毛刷子作全面清理和打扫，防止砖面粉尘，影响砂浆粘结牢度。再用白水泥，建筑配制的腻子对砖墙面，砖细面作满批，刮砂。然后用普通1：2水泥砂浆作垫料，将砖细粘贴在墙面上。因为水泥胶腻的粘结强度高，而普通水泥砂浆的填充收缩率小，使砖细安装达到最佳效果。

（3）大型砖细块安装（六十方）及大面积砖细安装的方法。由于大型砖细体量大于60cm见方，厚度超过8～10cm之间，重量在80～100斤之间，为了确保砖细技术质量，必须要采取加固，加强技术措施。用40mm×40mm的角钢作加强处理。经计算在40mm×40mm的角钢用膨胀螺栓固定底层砖细下口内。并做底层砖细下口内侧作切口创口处理，以角钢作为砖细主要受力构件，大体量的砖细墙面，根据模数相应作多层角钢加固措施。如果大型砖细要作叠角（菱形）安装时，可事先用样板尺定出大型砖枭细下部两侧定出安装连接铁件的位置，并开挖好安装连接铁件的预留构造，同时用样板尺在相应墙面上定出安装铁件的相应位置，并做好安装构造，用强力胶将钢筋打入墙内，使钢筋与墙面胶结连接，并露出安装接头，使之与砖细方砖安装构造相吻合。通过增设圆钢构造来承担大型砖雕的重量，增强墙体砖雕之间的结构应力，来加强大型砖雕的结构强度。

（4）安装砖细门楼的技术要求与方法。

1）在设计，安排，砌筑砖细门楼两侧砖墩时，要保证门楼大门的高度，宽度，与之相应的门框（右上槛，右下槛，两侧的石板）的尺寸，根据砖墩高度，勤角的高度，垛头的高度，定出砖细方砖的模数，订出消天找接（公差）的方法，门框内侧的宽度，要保证大门开启的宽度，以制规矩。

2）下枋砖细安装，根据大门石过樑的厚度，定出下枋砖细的厚度，并将下枋砖细反面中下部根据石过樑的厚度来下存7字型切割，安装下枋砖细时，可作7字形下枋砖细按顺序挂设于石过樑上，并用泥沙浆给予粘贴。

3）在砖细下花枋上口，盖一皮二分之一40方压口，砖口做浑面，覆盖一皮二分之一40方做束腰（束编细），再盖一皮二分之一40方做上枭（做浑面），三层40方砌筑成一个小型砖细须弥座造型。再用40方砖覆盖一层并向外挑出二寸，方砖下口打二子口，起个承上启下作用，上下安装字碑枋，兜肚，下可安装细砖挂落（花开子）。

4）字碑，兜肚安装，字碑，兜肚的外框装饰为砖细大镶边，一般用50方小金砖加工，大镶边装饰图案，由设计、业主确定，操作时先砌好内胆，再砌筑通长大镶边，定出字碑，兜肚位置尺寸后，安装字碑底层字镶边，将字碑安装后，砌两侧字镶边，安装内侧大镶边，安装左右兜肚后，再安装左右外侧大镶边，然后安装字碑上口字镶边，再后安装上口大镶边，注意字镶边，大镶边垂直交叉接口一定要割角拼装，一定要暗榫结构，字碑安装后，立刻用砖块砂石将砖细构件内部砌筑填实。在两侧砖墩部位实扁砌筑红砖砖墩，上设叠木，用叠木承担门楼上部荷载，来减轻大门石过梁版上的负荷。

5）上花枋安装：现在字碑，兜肚大镶边上架设一皮二分之一40方压口，砖口做浑面，再覆盖一层40方做束腰（束编细）和一层40方做上枭，方式同下花枋做法相同为一小型砖细须弥座造型。再用50方方砖，下口开二子线安装，并向外挑出2~3寸，上面开始安装上花枋，上花枋正立面与侧立面应作暗榫处理，上花枋用料规格较厚，可用50方、60方的大型砖加工，上花枋上口设斗盘枋（定盘枋），将板砖（托盘），斗盘枋用于安装檐口斗栱，将板砖用于安装两侧垂莲柱（荷花柱），插穿（挂芽）装饰，而将板砖砖雕加工较精致，悬挑部位又大，因此斗盘枋与将板砖的组合，应采取加固措施，内侧作构造加固。安装垂莲柱时，应在其内侧，与上花枋同步位之间采用打钻安装孔内充509建筑结构胶，孔内插入不锈钢筋，来保证垂莲柱的工程质量，垂莲柱与将板砖立面用白水泥胶腻子加固。

6）砖细斗栱（牌科）安装：安装斗栱时，现在斗盘枋上复核尺寸，定出位置，传统做法，先在两端将板砖上各设一座斗栱，然后定出斗栱数量，一般做法，中间设斗栱 4 座（补面铺作），斗栱的结构和等级为斗三升，斗六升，一翘一昂，一翘重昂多种形式，安装时，栌斗与垫栱板顺序安装，斗栱可作分件安装，组合安装，垂直外挑斗栱的安装，要做好斗栱的平衡、稳定、牢固措施，左、右两侧外立面的斗栱采用平板简易斗栱靴头砖代替。斗栱上的连机方、桁条，可用连机桁条组合，一起来代替分散组合。斗栱的斗口一般分为四六式，大型的为五七式，也可指定规格。

7）桁条上要设出檐椽、飞椽、小连椽、眠椽，全部为砖细的仿木构件，出檐椽用较厚的 40 方做全长 40cm，根据挑一压二法则，外挑 14cm，内平 26cm，飞椽全场 40cm，外挑 14cm，内平 26cm，仿木眠檐及瓦口板，可用同一块墙分别加工，增强质量，安全系数。两侧设砖细小山尖安装，砖细博风安装。

8）架正桁，安装屋顶橼板、盖瓦、做屋脊、砖细屋脊头，注意屋面瓦片排列的传统要领。

a. 南方地区（包含苏州地区）门楼中轴线处的瓦片应为盖瓦。

b. 北方地区（包括北京地区）门楼中轴线处的瓦片应为底瓦。

c. 在其他地区安装时，应先清空地方后，定出施工方案。

6.2 安　　装

安装前先检查一下，砖细物品的规格尺寸，是否准确无误，以免造成"角不对角，缝不对缝"的情况，然后根据图纸进行编号。搬运至工地时，一定要先包装好，轻拿、轻放。

安装要准备好直尺、墨线、水平尺、线坠、软绳、吊篮、托板和脚手架等工具，所需要的辅助材料，有灰砂、纸筋、水、麻丝、铁桩头、钻头等。施工过程中的安全问题，可请建筑单位予以指导。

砖细作品的安装，首先要明确部位，并对这个部位做细致的认证工作。即考察那个部位是否存在，尺寸是否准确无误，有无高低凹凸，转角处是否按建筑施工图来施工。有时，砖细工会根据砖细安装的要求，请建筑单位做一些预埋，或者在某处留一点空隙。诸如此类的情况，都需要在进行安装之前，详细的检查一遍。

俗话说："皮之不存，毛将焉附"，这"皮"是很重要的。在建筑施工的时候，砖细工一定要经常去查看，反复检验卯榫结构的准确性和牢固程度。

安装，一般采用干摆和粘合两种做法。干摆，即不用粘合物，只用卯榫同主体部分连接固定。粘合即使用粘合物，把卯榫同主体部分粘合固定。

干摆的作品，比较整洁，但对砖细的方正尺寸要求极高，施工时难度较大，要挑选精细的工匠来做。

粘合的作品，与干摆相比较，有一个借助尺寸的机会，因为有粘合物可以作适当借凑。但粘合物的制作与配制，要恰到好处。目前，比较常用的是灌浆法。用了粘合法，主体紧固件会相应减少，卯榫会对粘合物产生一定的依赖性。如果水泥的配比不够恰当，则会造成不可挽回的损失。

图 6-4　在方砖上开三条线缝

为了防止粘合材料失效，在安装时，每一块砖同墙面之间必须有硬件连接。可以在方砖的上面开三条线缝，同时在所安装的墙的相应位置上打一个孔，把铜丝的一头打一个结，塞进墙孔内，再用硬木塞，塞紧敲实。这样，铜丝的一头与墙体就有了一个牢固的连接。另一个铜丝头，结在砖上的三条线缝开出的小舌头上。这样一来，方砖同墙面的连接也就 相当牢固了。

在雕花砖上，打三条线缝时，要寻找到合适的部位，线缝不能打穿雕花件（图 6-4）。

复习思考题

1. 填空题

（1）砖细卯榫结构的连接方式主要分为（直接）和（角接）两种。

（2）干摆，即不用（粘合物），只用卯榫同主体部分（连接）固定。粘合即使用（粘合物），把卯榫同主体部分（粘合）固定。

（3）为了防止粘合材料失效，在安装时，每一块砖同墙面之间必须有（硬件）连接。可以在方砖的上面开三条（线缝），同时在所安装的墙的相应位置上打一个（孔洞），把铜丝的一头打一个结，塞进墙孔内，再用（硬木）塞，塞紧（敲实）。这样，铜丝的一头与墙体就有了一个牢固的连接。另一个铜丝头，结在砖上的三条线缝开出的（小舌头）上。这样一来，方砖同墙面的连接也就 相当牢固了。

2. 选择题

制作卯榫结构用的工具，同木工使用的工具基本相同，少数工具还可以借凑木工用具。批量做时，如果木工的锯子和刨刀的硬度不够，可以用（C）锯子锯，也可用这种锯条做成剑刀。

A. 木工用的　B. 铁匠用的　C. 锻工用的　D. 居民用的

3. 是非题

（1）一般情况下，在制作卯榫时，细砖已经成型，为了避免破坏砖面和砖角，加工的台面要选用木质的。如果要加以固定，也不要用金属件，而要用木扣和软绳。　　　　　　　（√）

（2）砖细卯榫的结构和木质卯榫相同，也可以用榔头敲。

（×）

4. 简答题

（1）什么叫"砖细的卯榫结构"？

答：砖细的作品，均出现在建筑物的表面。为了牢固地安装，以达到足够的安全性，一般情况下，在砖与建筑物体之间，都采用一种连接的结构，这种结构我们称之为卯榫结构。卯榫的结构，可以是砖质的，也可以是木质或铁质的。在做木质和铁质的接榫时，要尽可能使卯榫密封，以免锈蚀。接榫不能暴露，在安装时要注意隐蔽。

（2）简述砖细件的安装

答：安装砖细件要首先进行试安装。砖细卯榫不同于木质卯榫，木质接榫可以用榔头敲，如有不准可以着力矫正。砖细卯榫在安装时，如果过分用力，容易造成断裂。而且，砖细卯榫要求做到准确无误，安装时才能达到紧密、严实、美观、耐久的效果。必要时可以制作样板，以便于及时修正误差。试安装时要平起平放，不可翘裂。如有误差，可以用硬木材料填充，加以修正。

（3）简述干摆和粘合作品的差异

答：干摆的作品，比较整洁，但对砖细的方正尺寸要求极高，施工时难度较大，要挑选精细的工匠来做；粘合的作品，与干摆相比较，有一个借助尺寸的机会，因为有粘合物可以作适当借凑。但粘合物的制作与配制，要恰到好处。目前，比较常用的是灌浆法。用了粘合法，主体紧固件会相应减少，卯榫会对粘合物产生一定的依赖性。如果水泥的配比不够恰当，则会造成不可挽回的损失。

7　水作砖细工专题技艺：砖雕

教学目标

了解砖雕的材料选择、设计思路和主要操作技能和步骤，熟悉江南地区砖雕技法主要应用的建筑部位和典型作品。

7.1　砖雕的材料与设计

7.1.1　材料

材料的选择可以分两步：首先是根据雕件的大小规格来选定尺寸。然后是色泽，因为出窑的砖有一些色差，如果你的雕刻件是单幅而成的，那就比较好选，如果你的雕刻件是需要多幅组合而成，那选材时就要注意到色泽的统一。在条件允许的情况下，最好能把雕刻面磨一下，晒干后再看一看色泽是否统一。

选好规格和色泽后，必须对砖进行检验，因为用来作为雕刻材料的细砖质量要求很高，所以在雕刻前，要细心观察磨出来的面的粒状，是否细密，是否有气孔、杂物以及内裂纹；也可以用硬木棒敲击一下，听听它的声音是否清脆。所谓的"敲之有声、断之无孔"的高质量细砖，就是这样检验出来的。

7.1.2　设计

砖雕有着几千年的历史，其艺术之精真可谓高深莫测。今天我所能介绍的仅是皮毛而已。

砖雕制作的工匠们，将砖雕艺术一代一代地承传下来，同时也推进了砖雕艺术的一步步发展。在制作的技艺上，从两千多年画面较为简单，砖面比较粗糙的画像砖发展到明清时代有着辉煌的砖雕艺术的历史，其艺术生命力可见一斑。

砖雕作为一种工艺作品，蕴含着工匠们的心血、勤劳与智慧，我国古代劳动人民是勤劳的，是聪明敬业的。砖雕工艺之所以长盛不衰，第一个原因是一代一代相传下来的匠师 们精湛的技艺形成的可观性；第二个原因是在每一幅保存下来的作品中，都烙着它时代的印痕。

砖雕是一种细活，技术要求高、工时要求长。因此不论是达官显贵的豪宅，还是文人墨客的书香小院，砖雕总是起着画龙点睛的作用，那么，既是龙的眼睛，就得让名家去点，名人去点。一般来讲，每座建筑物在它基本完成后，总会留着一定的缺陷，让人遗憾，然而这恰恰是件好事，因为如此可以留给人们一个再思索的空间，那些建筑的大家，在欣赏着他们精心设计的作品的同时，总觉得还缺了些什么，还有一份情愫无从寄托。这个建筑的效果，好像药里还没放上一味药引子，又好像画的那条龙的眼睛还没有发亮。思索之余，他们就想着用砖雕来弥补这个缺憾，寄托这份情愫。于是出现了一件件璀璨的砖雕艺术品；同时他们也给笔者留下了一个生存的空间——用砖雕做建筑的药引子；用砖雕点亮龙的眼睛，继续发展砖雕艺术。

其实砖雕的设计，原来是一种建筑设计，同建筑没有关系的砖雕很少。历史上砖雕在建筑中的地位很高，更有甚者，有的建筑物是专门为了要展示砖雕艺术而造的，如影壁。

砖雕本身的设计是根据建筑的个性特征来设计的。如民居会馆、寺庙、道观，都有其独特的一面。砖雕的设计，是绘画语言和雕刻语言相结合的统一体。基于这，它要比建筑 语言更直接地做出一些表达，上面说到的建筑大家们，在建筑形象设计中，感到无法表达的一种情愫，想使它有所寄托和安慰，最后就是通过砖雕的语言来完成的。因此，砖雕设 计的严肃性就已经达到了一个新的高度。

那么怎样进行砖雕设计呢？

首先，要知道砖雕安放在什么建筑上。作为一名砖雕设计师，你要清楚地做到这一点，就得亲自去了解一下建筑的特征，要把各类建筑，包括南北、东西的风情了解清楚。研究过了以后，你还要对建筑的起造者作一个专访。要了解起造者的思想文化、世界观、人生观、价值观。通过和他的谈话，了解到他对于砖雕设计的理念设想。光做这个访问还不够，还要做第二个访问，就是访问建筑设计师。你要从建筑师那里得知他对砖雕的使用目的，这样砖雕设计算是完成了第一步。

好了上述工作后，砖雕设计师要做建筑特征的研究工作。比如你已经知道了建筑物是一座寺院，那你就得研究佛教、佛学，得拜老和尚为师，向他们讨教佛学。虽然按上一节的步骤，你已经走访过了一次，但那只是对砖雕本身的讨论。而一般的起造者都不是砖雕行家，他不可能及时地把门派的中心思想以砖雕的形式，完整

图 7-1　佛教题材的砖雕

地告诉你，所以你作为砖雕设计师，你就得学，最起码的要作一个梗概性的了解，因为这对作品设计的成功是大有帮助的（图7-1）。

做了以上大量的辛苦、细致的工作以后，就可以铺开设计稿、动笔画稿子了。这一个工作其实说起来容易，做起来难。我国的历史太悠长了，不去看周汉晋，单看唐宋元明清，就足以使你晕了。特别当一组画面放在你面前，要你完成的时候。你的设计既要与建筑物的特点保持一致，又要做到画面的统一，画面中要有能表现特征的东西。如人物、瑞兽、花鸟、山水等各种吉祥如意的图形。如果你要在一个场所表现，你就得要全神贯注，现在我们一般的砖雕设计，都是仿古设计，你一不小心，唐宋元明清各个朝代就要混淆；如让唐代人物穿上明朝服饰。这样牛头不对马嘴，会贻笑大方。

因此，在你动手画稿的时候，最好再去拜师，那些美术大师们，请求得到他们的帮助后，你的设计保险系数会高一些，特别是在某些著名的建筑上的设计更要谨慎。

我国历史上，砖雕门派很多，这差不多同语言一样，这种状况的引起是由于历史上玄道的闭塞形成的。这是一个大话题，我们不去谈它，我们现在的任务就是要面对它、适应它。比如笔者是苏州人，我们自然多观察一些苏州的东西，但如果哪天有北京人来找你，你总不能说，北京人的活我不干吧。所以作为砖雕设计，确实要研究一些我国历史、工艺 史，需要他们经常去看看中国工艺美术史，看一看我国的戏剧史。

谈到戏剧，就要提及它对砖雕的作用，它对砖雕的影响很深。各时代戏剧的服饰、道具、背景、脸谱，都烙着时代的印痕。

古代大家也是在互补中获取进步的，古代很多的砖雕、木雕、石雕的题材，来源于戏文，因此作为砖雕工作者，对我国的戏剧也不妨就涉足一些，特别是戏剧中的脸谱，古代工匠是运用得相当巧妙的（图 7-2）。

图 7-2　清代戏剧人物砖雕

7.1.3　墙门楼

墙门，是在建筑物围墙上留下的便于人们出人的空间（图

7-3）。为了安全，在这个出入口装上门。为了能在建筑物的大门口歇歇脚，人们在这出入口盖上一个屋顶，可以防雨、防晒。这屋顶一盖，就形成了建筑，这个建筑愈来愈受到重视，也就愈来愈讲究起来，有木质建造，有石质建造，也有我们研究的主题砖质建造。

图 7-3　大户人家的墙门与天井

砖质建造的门楼，就叫砖细门楼。一般来讲，这种建筑的设计，是由主体建筑的设计师一并设计下来的。但因为纯砖细门楼有些部分主体建筑的设计师是很难定夺的，需要专门的研究，这时主体建筑的设计师会与砖细设计师一起研究、设计。

砖细门楼的款式很多，尤其是明清时代的五六百年中，积累的更多。

在着手设计砖细门楼的时候，我们先要研究主体建筑，主体的开间，高度，主体建筑与这间门楼的空间，一般叫天井的距离和大小。然后要审定主体部分的建筑风格。做了这些工作后，我们再确定门楼的高度、宽度和进深。屋顶的设计有三种——直山、歇山和攒顶。

至于采用哪种设计，这是根据主体建筑的主要风格来决定的，也可以征询起造者，就是我们苏州人所说的"东家"的意见。总的来讲，能尽量地与主体建筑吻合起来，使整体的各立面的效果更和谐，更严谨。

大尺寸基本定下来以后，先进入斗栱的设计和三飞砖设计，以及款式的研究。在我国的建筑史上，由于受封建制度的限制与压迫，建筑形式在等级上是很严格的，虽然我国目前不受这种限制，但与主体建筑的一一对称是必不可少的。

以上的工作做充分以后，下面研究的就是墙体正立面的总体效果。这需要放样，一般放成 5∶1 的图样，这个比例让人更能找到感觉。特别是在涉及使用平座时要慎重行事，力争取得最好的总体效果（图 7-4）。

历史上不少门楼款式的设计都是前人为我们留下的宝贵财富，我们可以取其精华。如苏州网师园的"藻耀高翔"，苏州东山雕花楼的门楼款式设计（图 7-5）。

图 7-4　网师园门楼

图 7-5　东山雕花楼

门楼的总体效果确定后，展示在眼前的是一座古雅恢宏的古代作品。

为了使墙门作品更具有可观性，能够完成一些在总体建筑中尚未完成的心愿，设计师在墙门的正立面施以花纹是必不可少的，在大镶边中间留有字碑（图 7-6）。

字碑一般留四个字的空间，在四个字的边上，安上两个宝瓶，示意着出入平安（图 7-7）。

图 7-6　网师园门楼上的
"藻耀高翔"字碑

图 7-7　"德茂福盛"字
碑和宝瓶及"兜肚"

有的门楼上四个字的周边有大镶边，内有小镶边，这种做法往往是比较讲究的建筑才有。因为墙门雕刻的四个字，是起造人的一种希望，一种寄托，一份情思，把四个字用小花边装饰起来，是东家的更深的一份情愫。因此在施工、制作过程中，要有肃然起敬的感觉，才能做好。

大镶边的两边，接近正方形的部分，我们叫"兜肚"，也有人称为"玉"。在大镶边的下边，设计一条宽约九寸的条幅称为"下画枋"，有整幅施雕的，但更多的是中间部分约二十寸开阔部位施以雕刻。这种巧妙性的设计也能作用于字碑。

雕成的莲花状，暗喻着深深的祝福。

荷花柱中间的部分叫"上画枋"，也能施以雕刻。

整个门楼的雕刻部分确定以后，就是关于雕刻建材的确定，这在上文已经谈过。

起造者在整个的建筑中尚未完成或无法完成的东西，要通过墙门楼的雕刻来完成。这是一种思想感情的寄托，砖雕设计者要慎重行事。在设计之前，要同起造者沟通，让他们的理念和设想，通过交流反映出来，或者资深的砖雕设计师可以提供一些内容给起造者，供他们参考。操作时要细心，因为每户人家的文化、经济、思想、履历各有不同，故所选的雕刻图案也要有所不同。例如求子求福的可以做"送子观音"；企求财富的可以做"财神"；纪念辉煌历史的就要了解有关历史的内容，然后施雕。以上具体情况都需要一一分别准确把握，争取做到胸有成竹。

7.1.4 照墙

砖细照墙有"一字照墙"和"八字照墙"(图7-8)，这是设计在大门两侧的。在古代，一般是大户才有，其主要作用是防风、防火和走入宅第门前的一种卫生、整洁的感觉。

图7-8 寒山寺门前的一字照墙

照墙的做法很多，《营造法原》上记录的苏州城隍庙照墙是极品之作，只可惜已经被毁。

7.2　砖雕的工具

砖雕，在一种特殊材质上进行雕刻，所用工具也有别于其他的雕刻。

从砖雕的花纹设计而言，基本同于木雕，只是因为砖的质地比较脆，因而在设计上略有不同，所以砖雕的工具也稍有别于木雕（图7-9）。

图7-9　砖雕的工具

砖对金属有很强的磨蚀性，古代砖雕匠师们尽量采用质地比较坚硬的金属材料，来打造砖雕工具。如马蹄铁、铁锉料、0.3～1.5cm凿子各一种、木敲手、磨头等。

砖雕的前道制作，如出平面或做线脚，可以共用木工的用具。但刨刀的架子角度，应该要比木工工具大。在借助机械的时候，最好能控制其转速；手动、机械并用时，要定牢加工件，以防止因加工件滑动而造成的破坏。

手工雕刻的工具，现在使用的是合金钢，其硬度以凿击砖雕时不爆裂为最好。

砖雕还有一套专用工具：钻子、木敲手、砂轮、凿子等都属必备工具。

7.3　砖雕制作的步骤与方法

砖雕可以在一块砖上进行，也可以由若干块组合起来进行。

一般都是预先雕好，然后再进行安装。

砖雕手法有三种：平雕、浮雕（浅浮雕和高浮雕）、透雕。平雕就是图案在一个平面上，通过图案的线条给人以立体感（图7-10）。浮雕和透雕则要雕出立体形象。浮雕的形象只能看到一部分（图7-11），透雕的形象大部分甚至全部都可看到（图7-12）。透雕手法甚至可以把图案雕成多层。透雕的方法与浮雕大致相同，但更细致，难度也更大。许多地方要镂成空的。有些地方如不能用錾子敲打，则必须用錾子轻轻地切削。

图7-10 平雕宝
瓶图案

图7-11 浮雕关圣像

砖雕的方法和步骤：

（1）绘稿

绘稿即勾画图案，又称为"画"。用笔在砖上画出雕刻图案。（图7-13）不能一下子画出的，可随画随雕，边画边雕，要求操作者"胸有成竹"，打好腹稿，然后用细小的钻子沿画笔笔迹浅细地耕一遍，以防笔迹在雕刻中不慎给抹掉了（图

图7-12 透雕二十四孝图
之一"埋儿奉母"

7-14）。一般说来，要先画好图案的轮廓，待镳出形象后再进一步画出细部图样。

绘稿必须在清水砖上进行，即砖面不能留有污渍。一般来讲，砖有一些小气孔，是很正常的。绘稿的时候，那些小气孔要清晰可见，因此砖面如果不干净，就要先清洗，晾干后再画，这样画的时候就可以在不影响整体布置的情况下，尽量地去绕开这些小气孔。为了避免气孔造成其他影响，还要对小气孔进行检验。一般用细铁丝，探测气孔的深度。对砖面了解清楚后就能动手画稿了。

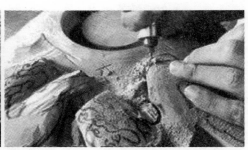

图 7-13　砖细件上勾　　　图 7-14　雕刻图案的轮廓
　　画图案

画稿是在积累了大量的素材以后进行的。这时你已经对画面胸有成竹，如果稿子要雕琢得很深，那会出现多层画稿的情况。因此在画表层稿的时候，就应该明确地表示表层打造的深度。这样才能做到砖雕件的衔接和生根，在透漏程度较高的景处，要同主体部分牢固地加搭，但要在不明朗处加搭为好，不会出问题。

如此一层一层的雕琢，一层一层的画稿，如果设计者、雕琢者是两个人，那就要双方交流清楚。

要重申一点，画稿要照顾到打凿，每画到透漏处，要考虑到运刀的方便，如果雕刀无法运到，那也无济于事。

（2）打坯

第一层稿画好了，就开始打坯。所谓打坯，其实就是造型，换句话说，就是把你需要的画面之外多余的部分去掉。在动手打坯的时候，一定要万分小心，因为砖雕是"减法"，减去了就不能再加；并且砖质很脆，一不小心就会令你前功尽弃。

因此，在着手打坯的时候，要凿、铲并用，尽量少击。用韧性好一些的钢做的凿，磨平一点。必须敲击时，要用硬木做敲锤。

第一层面打好，进入第二层时，要将画面处理干净，审定第一层面是否已到位。要考虑到打第二层面时，可能要出现透漏现象——即第一层面没有打好。到第二层面已打完的时候，回头打第一层，在透漏处就相当危险。万不得已出现这种情况，也就是说在镂空部位的上层面要进行补救性打凿时，可用石膏、麻丝把空隙部位暂时垫塞上。

如果有第三层面的作品，在打第三层时要格外小心。不但要检查第一、第二层打凿的质量，而且在打第三层时，还要小心别把上层破坏掉。为了防止这种情况，师匠们在凿柄上都绕上布以减轻撞击力和意外性损坏。

打坯工具在运用的过程中，也是一个逐步完善的过程，在雕刻深度大的作品时，有许多应该刻划到的地方。一般的工具无法加工，那么就要制作一些能解决这类问题的刀具。如北京的"7字刀"，就能做成正口刀和反口刀，剔地可用正口刀，剔背可用反口刀，运用"7字刀"时，一般要进行敲击，因此，刀柄要比一般工具的柄强一些。

简单地讲，打坯就是大造型，把画面的基本轮廓、基本的深度打造准确，这样打坯工作就算完成了，俗称"镞"。

（3）修光

修光，可以理解成打扮、装饰，它是造型工艺的延伸。在砖雕匠师中，有人把它分开来作业，也有人打坯，修光一轮到底的。究竟哪一种方法比较好，要在实际的操作中灵活应用。"修光"有人称"出细"。就是把打成坯的作品进行更细致的加工。修光一般不用敲击，所以所用工具要磨出锋，凿口要磨平。

如果你接手修光，首先要去研究画面设计的原稿，对原稿进行反复的理解，在心中形成一个深刻的作品形象标准。然后你再去看打成的坯，一要看打成坯同原稿是否保持一致；二如果有修改变动的地方要同打坯师探讨出一个究竟，达成一个统一认识后，方可着手修光。

修光，也可以理解成再创作的过程，比如人物的风情面貌，飞禽走兽的羽毛、花纹等等都要靠修光处理。因此，修光工艺是在给新屋装修，是在给新娘打扮。所以手里要有一套软显硬的功夫，心里要有比较丰富的美学装饰知识。

在面部"开相"的时候，要了解一点画面以外的东西，那就是画面的故事。要了解整个画面表现的主要的内容是反映一个什么东西。比如，画面中的人物在笑，你一定要了解他为什么在笑，这样在刻的时候比较好掌握他笑的程度。如果你有能力的话，最好将人物头像做一个泥塑，这样就比较有把握了。

在整幅的画面中人物的面相是相当重要的，特别是近距离观赏作品。所以你没有充分的把握，千万不要轻易动手。

整个画面修光好以后，下一步的工作，就是修补。砖质不可能天衣无缝，有时表现虽好，打出来却有暗孔。当然，打坯时暗孔已基本给避掉了，但还会留一些不尽人意的地方。这时就要补上。有手指甲大小以上的破败处，就要用砖补，砖补要用镶嵌方法，镶嵌上去的部分，要有三面接点，如果镶嵌上去的部分比较有"紧头"的可用胶水粘好。如果无法产生"紧头"的要打榫或开燕尾槽紧箍。开榫和打燕尾槽的地方也要上胶，待胶干了后再修好。

（4）上药、打点

1）上药

如果比较小的破损，可用砖泥 7 分，生石灰 3 分，调和成浆，搅和填补，将砖雕的砂眼或残缺部分抹平。但已失胀性的石灰不能用。或二份砖灰，一份水泥作浆填补，用水泥与建筑胶修补，用 509 胶水作受损构件胶结。

2）打点

用砖面水将图案抹擦干净。

附：注意点

砖雕是一项细致的工作，因为砖不像石头，操作中稍不仔细就可能对图案造成损坏。但如果局部有轻微损坏，也不要轻易抛弃，可以进行修补，再结合整体重新设计、雕刻。砖雕总的要求是雕出的图案形象生动、细致、干净，线条清晰、清秀、柔美。

7.4　部分砖雕作品引例

砖雕门额：

网师园的"殿春簃"庭院西壁砖刻："先仲兄所豢虎儿之墓"（图7-15）。为近百年来前所未有的国画大师张大千所书。从苏州市园林局所刊跋语中知道："大千居士，昔年（公元1932年）随兄善仔卜居此园大风堂，人文荟萃，极一时之盛。善仔先生擅画虎，有虎痴之誉，曾饲一幼虎，号之虎儿。虎儿死后，即葬是处。事隔五十年，大千先生怀念旧居，寄情虎儿，为题墓碑，自台湾辗转遥寄苏州。故园之思，溢于言表。虎儿是当年善仔先生用来揣摩写生的，据说，虎儿十分乖巧，深受主人喜爱。虎儿病死后，善仔十分伤心。在这里留下了不少善仔和虎儿的故事。大千曾与善仔合作画虎十二幅，称为《十二金钗图》，虎为善仔作，大千补景。善仔以《西厢记》中的艳词题虎，如：'羞答答不肯把头抬'等。"

网师园女厅前院门宕上的"竹松承茂"额（图7-16），出于《诗经·小雅·斯干》："如竹苞（茂盛）矣！兄及弟矣，式相好矣，无相犹（欺）矣。"意谓竹子丛生，松叶隆冬而不凋，根基稳固而又枝叶繁茂。此诗本为宫室颂祷之语，赞美宫室如同松竹一般根固叶盛，还含有家族兴旺发达、兄弟相亲相爱之意。

网师园门宕额"可以栖迟"（图7-17），出《诗经·陈风·衡门》，意谓居处、饮食不嫌简陋，娶妻也不必名族大家，表现

图 7-15　网师园殿春簃庭院西壁砖刻"先仲兄所豢虎儿之墓"

了安贫寡欲的思想。宋代朱熹传曰："此隐居自乐而无求者之词，言衡门虽浅陋，然亦可以游。"

图 7-16　网师园女儿厅前院
的"竹松承茂"门楼

图 7-17　网师园"可以
栖迟"门宕额

　　耦园大客厅砖额："诗酒联欢"（图 7-18），指中国古代文人进行的是"文字饮"，诗酒唱和，与"东园载酒西园醉"之意相得益彰。客厅廊砖额"载酒"、"问字"、"锁春"，意思是礼敬老师、虚心求教、锁住春光。"载酒"和"问字",典故出自《汉书·扬雄传》:"雄以病免,复召为大夫。家素贫,嗜酒,人希至其门。时有好事者载酒肴从游学,而钜鹿侯芭常从雄蹈,受其《太玄》、《法言》焉。"又:"间请问其故,乃刘芬尝从雄学奇字,雄不知情。有诏勿问。"

耦园轿厅砖额"厚德载福"(图7-19),意即有大德者能多受福。《易·坤》:"地势坤,君子以厚德载物。"《国语·晋语六》:"吾闻之,惟厚德者能受多福,无德而服者众,必自伤也"。厚德者,是具有宽厚待人、团结群众、以"和"为贵的兼容精神的人。孟子推崇"以德服人"。

图 7-18　耦园的"诗酒联欢"门楼

图 7-19　耦园的"厚德载福"门楼

耦园的"半亭"有额"枕波双隐"(图7-20)。"枕波",即"枕石漱流"的缩语。典故出自《晋书》,也见《世说新语》,为隐居山林的代称。耦园三面临水,园内山水俱佳,故借喻山林流泉,夫妇双双栖于清流之上,吟诗作画,真是林下清风绝尘俗。"枕波轩"东墙面砖刻对联:"耦园住佳偶,城曲筑诗城。"夫妇在此隐居八年，伉俪情深。

图 7-20 耦园"枕波轩"的砖细窗套和护墙

图 7-21 月洞门上的"周规"砖额

苏州沧浪亭里特辟"五百名人祠"。小园东月洞门上刻砖额："周规"、"折矩"，（图 7-21）取《礼记·玉篇》："周还中规，折还中矩"之意。意谓"五百名贤"皆能恪守儒家的礼仪法度。对面半亭名"仰止亭"（图 7-22），取《诗经·车辖》中"高山仰止，景行行止"诗意，意思是仰慕这些道德高尚、行为光明正大的"五百名贤"。祠中墙壁上还刻有"景行维贤"四字，（图 7-23）再次明确了后人仰慕的是贤德之人。祠中大匾"作之师"三字，（图 7-24）取《尚书·泰誓》："天佑下民，作之君，作之师。"即上天佑助下界万民，立君主统治他们，立人师教化他们。"五百名贤"乃上天所立的"人师"。对联曰"千百年名世同堂，俎豆馨香，因果不从罗汉证；廿四史先贤合传，文章事业，英灵端自让王开。"颂赞这"五百名贤"虽未成佛，得到阿罗汉果，但受到后人膜拜，四时致祭，亦盛事。每像均刻有传赞四句，概述此人特点，靠右一行题姓名职衔，故每一画像，犹一人物小传。

图 7-22 仰止亭

图 7-23 "景行维贤"碑刻

图 7-24 五百名人祠全景

　　狮子林大厅外廊两侧砖额"敦宗"、"睦族"（图 7-24），意即要求家族内部应该和睦相处，为人要忠厚、诚实。小方厅北东侧走廊墙有砖刻"宜家受福"（图 7-25）。"宜家"，即"宜其家室"之意，见《诗经·桃夭》："之子于归，宜其家室。"朱熹传曰："宜者，和顺之意；室者，夫妇所居；家，谓一门之内。"指的都是家庭和睦，共享大福。

　　拙政园的"得真亭"额，以常青之松柏喻得天地真气。对联："松柏有本性，金石见盟心。"松柏具有坚贞的本性，金石之盟体现了牢固的誓约（图 7-26）。

　　留园的"冠云台"匾额"安知我不知鱼之乐"（图 7-27），出自《庄子·秋水》篇中庄、惠问答。指游者徜徉于仙苑之中，摆脱了俗累，感到心灵获得极大的自由和无比的愉悦。

图 7-25 "宜家受福"砖刻

图 7-26 拙政园"得真亭"额

图 7-27 留园的"冠云台"匾额
"安知我不知鱼之乐"

留园有额名"鹤所"（图 7-28），和艺圃的"鹤柴"（图 7-29），都是园主养鹤之所。鹤在汉代就名列仙籍，成为仙人的骐骥。据传，道祖老聃即驭鹤登仙的。鹤清远闲放，超然于尘埃之外，有恬静、闲放的秉性，高雅、健美的姿态，与"贤人君子"有共同情感，成为文人隐士的爱物。

图 7-28 留园的"鹤所"

图 7-29 艺圃的"鹤柴"

复习思考题

1. 填空题

（1）砖细材料的选择，要注意两点，一是（尺寸），二是（色泽）。如果你的雕刻件是需要（多幅）组合而成，那选材时就要注意到（色泽）的统一。在条件允许的情况下，最好能把雕刻面（磨）一下，晒干后再看一看（色泽）是否统一。

（2）砖雕的历史较为悠久，从两千多年画面较为（简单），砖面比较（粗糙）的画像砖发展到明清时代有着辉煌的（砖雕艺术）的历史，其艺术生命力可见一斑。

（3）砖雕工艺之所以长盛不衰，第一个原因是一代一代相传下来的匠师们精湛的技艺形成的（可观性）；第二个原因是在每一幅保存下来的作品中，都烙着（时代）的印痕。

（4）砖雕是一种（细活），技术要求（高）、工时要求（长）。因此不论是达官显贵的（豪宅），还是文人墨客的（书香小院），砖雕总是起着（画龙点睛）的作用。

（5）砖雕的专门必备工具有：（钻子）、（木敲手）、（砂轮）、凿子等。

（6）砖雕手法有三种：（平雕）、浮雕和（透雕）。（平雕）就是图案在一个平面上，通过图案的（线条）给人以立体感。浮雕和透雕则要雕出（立体形象）。浮雕的形象只能看到一部分，透雕的形象大部分甚至全部都可看到。（透雕）手法甚至可以把图案雕成多层。透雕的方法与浮雕大致相同，但更（细致），难度也更大。许多地方要镂成空的。有些地方如不能用錾子敲打，则必须用錾子轻轻地（切削）。

（7）砖雕"上药"的配方是：如果比较小的破损，可用（砖泥）、（生石灰）按照 7：3 配比，调和成（浆），搅和填补，将砖雕的砂眼或残缺部分（抹平）。但已失胀性的石灰不能用。

2. 选择题

（1）字碑一般留四个字的空间，在四个字的边上，安上两个宝瓶，示意着（C）。

　　A. 好事逢双　　　　　　B. 抬头见喜

　　C. 出入平安　　　　　　D. 招财进宝

（2）门楼上大镶边的两边，接近正方形的部分，我们叫"兜肚"，也有人称为（A）。

　　A. 玉　　　　　　　　　B. 孩儿面

　　C. 宝镜　　　　　　　　D. 剑

（3）砖细照墙有（C）和"八字照墙"，这是设计在大门两侧的。在古代，一般是大户才有，其主要作用是防风、防火和走入宅第门前的一种卫生、整洁的感觉。

　　A. 十字照墙　　　　　　B. 琉璃照墙

　　C. 一字照墙　　　　　　D. 九龙壁

（4）砖雕的制作步骤一是绘稿，二是（B），三是修光。

　　A. 初刻　　　　　　　　B. 打坯

　　C. 造型　　　　　　　　D. 开相

3. 是非题

（1）作为雕刻材料的细砖质量要求很高，所以在雕刻前，要细心观察磨出来的面的粒状，是否细密，是否有气孔、杂物以及内裂纹；也可以用水浸泡一下，看看是否有气泡冒出。如果有则说明砖中有孔，不适宜做砖细。　　　　　　　　　（×）

（2）其实砖雕的设计，原来是一种建筑设计，同建筑没有关系的砖雕很少。历史上砖雕在建筑中的地位一般不是很高。（×）

（3）中国的戏剧对于砖雕的影响很大，各时代戏剧的服饰、道具、背景、脸谱，都烙着时代的印痕。　　　　　　　　（√）

（4）打点是指用泥浆水将图案抹擦干净　　　　　　　（×）

（5）网师园的"殿春簃"庭院西壁砖刻："先仲兄所豢虎儿之墓"。为近百年来前所未有的国画大师齐白石所书。　　（×）

（6）网师园门宕额"可以栖迟"，出《诗经·陈风·衡门》，意谓居处、饮食不嫌简陋，娶妻也不必名族大家，表现了安贫寡欲的思想。宋代朱熹传曰："此隐居自乐而无求者之词，言衡门虽浅陋，然亦可以游。"　　　　　　　　　　　（√）

（7）耦园的"半亭"有额"枕波双隐"。"枕波"，即"枕石漱流"的缩语。典故出自《晋书》，也见《世说新语》，为隐居山林的代称。耦园三面临水，园内山水俱佳，故借喻山林流泉，夫妇双双栖于清流之上，吟诗作画，真是林下清风绝尘俗。"枕波轩"东墙面砖刻对联："耦园住佳偶，城曲筑诗城。"夫妇新婚即隐居在此，情意绵绵。　　　　　　　　　　　　　（×）

4. 简答题

（1）应该怎样设计砖雕

答：设计砖雕首先，要知道砖雕安放在什么建筑上。亲自去了解一下建筑的特征，把各类建筑，各地风情都了解清楚，还要对建筑的起造者作一个专访。通过和他的谈话，了解到他对于砖雕设计的理念设想。再访问建筑设计师，得知他对砖雕的使用目的。然后还要做一些针对性的调研，如为一座寺院设计砖雕，就得研究佛教、佛学，得拜老和尚为师，向他们讨教佛学。做了以上大量的、细致的工作以后，就可以动笔画稿子了。设计稿既要与建筑物的特点保持一致，又要做到画面的统一，画面中要有能表现特征的东西，还要避免犯下"牛头不对马嘴"的设计错误。最好再去拜访那些美术大师们，请求得到他们的帮助后所设计保险系数会高一些，特别是在某些著名的建筑上的设计更要谨慎。

（2）简述"墙门"和"砖细门楼"的概念

答：墙门，是在建筑物围墙上留下的便于人们出入的空间。为了安全，在这个的大门口出入口装上门。为了能在建筑物歇歇脚，人们在这出入口盖上一个屋顶，可以防雨、防晒。屋顶一盖，就形成了建筑，这个建筑愈来愈受到重视，也就愈来愈讲究起来，有木质建造，有石质建造，也有砖质建造。

砖质建造的门楼，就叫砖细门楼。一般来讲，这种建筑的设计，是由主体建筑的设计师一并设计下来的。但因为纯砖细门楼有些部分主体建筑的设计师是很难定夺的，需要专门的研究，这时主体建筑的设计师会与砖细设计师一起研究、设计。

（3）简述砖细门楼的设计要求

答：在着手设计砖细门楼的时候，先要研究主体建筑的开间，高度，主体建筑与这间门楼的空间，一般叫天井的距离和大小。然后要审定主体部分的建筑风格。再确定门楼的高度、宽度和进深。屋顶的设计有三种——直山、歇山和攒顶。这要根据主体建筑的主要风格来决定的，也可以征询起造者的意见。要能尽量做到与主体建筑吻合起来，使整体的各立面的效果更和谐，更严谨。最后还要研究墙体正立面的总体效果。这需要放样，一般放成 5：1 的图样。特别是在涉及使用平座时要慎重行事，力争取得最好的总体效果。

8　水作砖细工专题技艺：花窗

教学目标

了解水作花窗的种类和格子的制作技艺，熟悉各种常用花窗的设计思路和主要应用场合，熟悉江南地区常见花窗的典型作品。

8.1　混水漏窗制作技艺

砖细花窗亦称漏窗，在园林古建中的作用就在于巧妙地应用一个"漏"字，使整个园林景色更加生动、灵巧，达到景中有景，景外有景，小中见大的效果。同时，这些花窗图案在长廊、粉墙上亦成为一幅幅精美的装饰纹样，为园林建筑增色不少。

花窗的外形不一样，有圆形、长方形、扇形、六角形、菱角形、秋叶形、定胜形、汉瓶形等，框中构图，更以用料不同而异，最初仅以瓦片配搭而成，后来用木片钉搭，缠绕上麻丝粉刷。造图构形，更无限制，可随设计者的匠心，而成精美之花纹。常见的花窗芯图案有寿字、双喜、万字、金钱、万川、八角灯景、席锦、芝花、海棠、藤茎、琴棋书画、梅兰竹菊、蝴蝶、蝙蝠、松鹤、柏鹿、龙凤等。

砖细花窗窗芯全由直线条组成，称为硬景漏窗；由弧形线条组成的，称软景漏窗；由直线条和弧线条混合的，称为软硬景漏窗；经放样、牵（扎）架子、堆塑而成的漏窗，称为堆塑漏窗。

漏窗有以砖瓦等为骨架用纸筋、水泥砂浆粉刷而成的。亦可用砖瓦加工拼搭而成。前者称为混水或堆塑漏窗，后者称为清水漏窗。

8.1.1　混水软景漏窗的传统制作工艺

（1）象形混水软景漏窗传统制作工艺

1）工具：线坠、兜方尺、三角直尺（每面宽为望砖厚度加粉刷层，一般在1.8～2.2cm）、弯尺（按各种筒瓦、板瓦断面制作，尺宽1.8～2.2cm）等。

2）制作木框，木框内净尺寸为内镶边之间的尺寸，在木框内铺上沙待用。

3）根据漏窗窗芯图案准备材料，把蝴蝶瓦、各种规格的筒瓦、望砖，锯成5～8cm条状（尺寸按墙厚度调整）。

4）在木框内（沙盘内）按照设计图拼搭成型，待用。

5）在墙面预留洞内划出"衬墙"位置，砌"单吊"墙，用纸筋粉平，弹米字格，砌镶边，边架芯子，自下而上，把沙盘内排好的砖瓦一块一块砌到预留洞内，瓦与瓦、瓦与砖的节点处采用水泥纸筋加麻丝加固，提高整体性，砌好后（2～3天）拆除"单吊"墙，然后两人各一面配合粉刷（图8-1、图8-2）。

图 8-1　混水硬景漏窗　　　　　图 8-2　混水软景漏窗

（2）普通混水软硬景漏窗的传统制作工艺

1）工具：同上。

2）在墙面预留洞内划内"衬埔"位置，砌"单吊"墙，用纸筋粉平，划出内线脚边线及米字格，参考图纸用准备好的直尺、弯尺放样。

3）根据放好的图样，砌镶边、架芯子，瓦与瓦（瓦与砖）的节点处采用麻丝和纸筋固定，砌好后（2～3天）拆除"单吊"墙，然后两人各一面配合粉刷。硬景漏窗亦可用木板钉搭而成，粉刷前以麻丝纸筋打底，防止粉刷层脱落（图8-3）。

图 8-3 混水软硬景漏窗

8.1.2 软硬景（混水）漏窗的革新制作工艺

（1）作台制作（能放 2～3 只漏窗的大小，作台面板厚 4cm，作台高 75cm，宽比漏窗每边宽出 10cm）。

（2）定芯子看面尺寸（看面一般 1.8～2.2cm，进深尺寸看墙厚）。

（3）制作弯尺、角尺（弯尺一般按各种筒瓦制作）。

（4）在作台上铺上夹板或油毡。

（5）在夹板或油毡上放样，划出内线脚边线、漏窗芯子的中心线（硬景），打好米字格（软景）。

（6）用专用弯尺、三角直尺放样（按图放 1∶1 大样图），一般在油毡上用粉笔放样，要求较高用铅笔在夹板上放样；放好样后，按图检查，是否有漏画的芯条。

（7）描出芯子中心线、靠近芯子的第一路线脚的中心线。

（8）芯子骨架制作。铅丝网两层格对格折叠压平，网格尺寸 0.8cm 左右，碰焊铅丝网。

（9）偏中钉钉，依钉弯铅丝网，节点用铅丝绑扎固定。

（10）用 1∶2 的水泥砂浆粉糙，糙芯看面 1.2cm，3～4 天后起钉、清理后放于"作凳"上两人配合粉刷，要求芯子横平、竖直，表面平整，芯子看面厚薄一致，水塘大小合理，芯条上下面平整、口角整齐。

（11）安装花窗。在预留的洞口上标出需要的标高，砌底边、镶边，把粉好的花窗安装在预留洞内的镶边上，花窗需横平竖直，花窗看面与墙面平行，然后砌侧面镶边、顶面镶边。

（12）镶边粉刷。镶边看面尺寸同窗芯尺寸，进深尺寸除漏窗进深尺寸外，一般两边均分。

漏窗外框可采用钢筋混凝土制作，增加漏窗的整体性。

8.2　砖细漏窗（又称清水漏窗）

用方砖或瓦加工后拼砌而成，有软硬景、藤景等各种图案（图 8-4）。

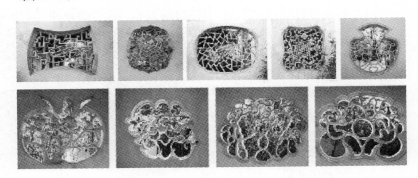

图 8-4　各种清水漏窗图案

8.2.1　砖细软景漏窗的制作工艺

（1）砖料加工

砖料需双面加工，砖料平整兜方，侧面和正面为 $90°$。如需数块拼接，可先用 509 胶水胶合，拼接需平整，砖料厚度按要求，可用方砖或金砖。

（2）放样

放 1∶1 漏窗大样图，把 1∶1 漏窗图样贴在砖料上。

（3）雕刻

在水塘（不用部分）内打眼，采用拉弓机除去多余的部分。第一路镶边和芯条整体雕刻成形。

（4）侧面、看面加工

在侧面磨去锯痕，看面起竹片浑、圆木角等线脚。

（5）镶边制作

镶边用方砖锯成条（片），看面宽度同芯条，进深尺寸按各路线脚要求尺寸。

（6）安装

先安装底口镶边，窗芯、侧壁、顶面镶边，数路镶边接缝宜在同一位置，给人以整洁的感觉。

（7）补、磨

灰缝清蝉，高低打磨，口角、"喜蛛窟"修补（图8-5）。

图8-5 砖细漏窗（软景）　　　图8-6 砖细漏窗（软硬景）

8.2.2 砖细硬景漏窗的制作工艺

（1）绘样、摘料

根据漏窗（1∶1）图样，摘取所需窗芯的长短、根数。

（2）转料加工

砖料需双面加工，按照要求尺寸切砖片，加工看面、节点，表面补磨。

（3）拼装

节点用专用胶粘合，芯条和镶边节点用榫头链接。

（4）补、磨

灰缝清理，高低打磨，口角、"喜蛛窟"修补（图 8-6）。

8.3　堆塑漏窗的制作工艺

（1）扎骨架

用钢筋、铁丝，按图样扭成飞禽走兽、龙凤、藤茎、花草造型的骨架。主骨架需与墙体结合牢固。

（2）刮草坯

用水泥纸筋堆塑出龙凤、藤茎等的初步造型，打底用的水泥纸筋中的纸脚可以选用粗一些的，每堆一层需要绕一层麻丝或铁丝，以免豁裂、脱壳，影响漏窗的寿命。

（3）细塑、压光

用薄钢板条形溜子按图精心细塑，切忌操之过急。光面水泥纸筋中的纸脚可以细一些，水泥纸筋一定要捣到本身具有黏性和可塑性才可以使用。压实是关键，用黄杨木或牛骨制成的条形，头如大拇指的溜子（图 8-7）把人物或动物表面压实抹光，抹压到没有溜子印、发光为止（图 8-8、图 8-9）。

图 8-7　牛骨加工的溜子　　　图 8-8　莲花松鹤图案的堆塑漏窗

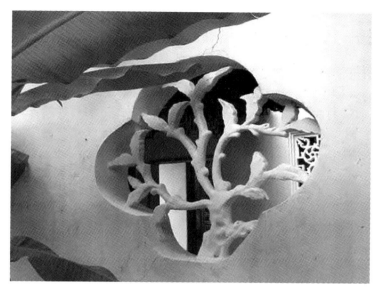

图 8-9　沧浪亭堆塑漏窗

复习思考题

1. 填空题

（1）砖细花窗亦称（漏窗），在园林古建中的作用就在于巧妙地应用一个（漏）字，使整个园林景色更加（生动）、灵巧，达到景中有景，（景外有景），小中见大的效果。

（2）花窗的外形不一样，有圆形、长方形、扇形、六角形、菱角形、秋叶形、定胜形、汉瓶形等，框中构图，更以（用料）不同而异，最初仅以（瓦片）配搭而成，后来用（木片）钉搭、缠绕上（麻丝）粉刷。造图构形，更无限制，可随设计者的匠心，而成精美之花纹。

（3）堆塑漏窗是经（放样）、扎架子、（堆塑）而成的漏窗。

2. 选择题

（1）砖细花窗窗芯由弧形线条组成，称为（C）。

A. 硬景漏窗　　　　　　B. 软硬景漏窗

C. 软景漏窗　　　　　　D. 弧线漏窗

（2）堆塑漏窗的制作步骤可分为（A）、刮草坯、细塑、压光几步。

A. 扎骨架　　　　　　　B. 磨光底面

C. 打腹稿　　　　　　　D. 拌水泥纸筋

（3）一般来说，光面水泥纸筋中的纸脚可以（D）一些。

A. 清淡　　　　　　　　B. 粗

C. 少　　　　　　　　　D. 细

（4）做堆塑的基本工具是用黄杨木或牛骨自制的，名称叫做（B）。

A. 扳指　　　　　　　　B. 溜子

C. 骨刀　　　　　　　　D. 腻子

3. 是非题

（1）砖细花窗窗芯全由直线条组成，称为直景漏窗。　　（×）

（2）砖细漏窗又叫"清水漏窗"是用方砖或瓦加工后拼砌而成，有软硬景、藤景等各种图案。　　　　　　　　　　　　（√）

（3）砖细漏窗的砖料需双面加工，砖料平整兜方，侧面和正面为 90°。　　　　　　　　　　　　　　　　　　　　　　　　（√）

（4）砖细软景漏窗的制作可将 1:1 漏窗大样图贴在砖料上。在水塘（不用部分）内打眼，采用大铁锤敲去多余的部分。第一路镶边和芯条整体雕刻成形。　　　　　　　　　　　　　　（×）

4. 简答题

（1）简述制作清水、混水和堆塑漏窗的常用工具。

答：制作清水、混水漏窗的常用工具有线坠、兜方尺、三角直尺、弯尺等，做堆塑漏窗的工具还有自制的溜子。

（2）简述普通混水软硬景漏窗的传统制作工艺程序。

答：普通混水软硬景漏窗的传统制作工艺程序主要分为：

1）在墙面预留洞内划内"衬埔"位置，砌"单吊"墙，用纸筋粉平，划出内线脚边线及米字格，参考图纸用准备好的直尺、弯尺放样。

2）根据放好的图样，砌镶边、架芯子，瓦与瓦（瓦与砖）的节点处采用麻丝和纸筋固定，砌好后（2～3天）拆除"单吊"墙，然后两人各一面配合粉刷。硬景漏窗亦可用木板钉搭而成，粉刷前以麻丝纸筋打底，防止粉刷层脱落。

（3）简述软硬景（混水）漏窗的革新制作工艺步骤。

答：主要步骤可分为：

1）制作工作台。

2）定芯子看面尺寸。

3）制作弯尺、角尺。

4）在作台上铺上夹板或油毡。

5）在夹板或油毡上放样。

6）用专用弯尺、三角直尺放大样图。

7）描出芯子中心线。

8）芯子骨架制作。

9）偏中钉钉，依钉弯铅丝网，节点用铅丝绑扎固定。

10）用1：2的水泥砂浆粉糙。

11）安装花窗。

12）镶边粉刷。镶边看面尺寸同窗芯尺寸，进深尺寸除漏窗进深尺寸外，一般两边均分。

9 水作砖细工专题技艺：堆灰塑

教学目标

了解砖细堆灰塑的名称由来、熟悉堆灰塑的工艺技巧和制作流程，掌握砖细堆灰塑工艺在古建筑中的地位和作用，熟悉堆灰塑常用造型及其象征意义。

9.1 苏式堆灰塑工艺

堆灰塑艺术是一种较为突出的表现形式，它是主要用水泥、石灰、纸筋等来塑造各种具有立体效果的形象，在建筑行业中这一工种也称"堆塑"。常用在古建筑的屋脊、沿口、飞檐、戗角和山墙等处。

堆塑的历史最早可以追溯到河姆渡时期的陶艺造型，堆塑历来被誉为"凝固的舞蹈"，它以静态的造型表现运动，是苏州传统建筑中由来已久的一种装饰艺术。香山帮匠人堆塑的主要形象，取材简单多用亭台楼阁、花草树木或飞禽走兽，以衬托各种历史人物或神话传说为题材，配以形形色色的花纹镶边，每一幅堆塑作品寓意一个历史故事或典故，形象生动，含义深刻（图 9-1）。

图 9-1 建筑屋脊上的堆塑龙吻

9.1.1 堆塑的施工工艺

堆塑的施工主要可按以下步骤操作:

(1)施工前的准备:首先是材料准备:堆塑的材料有——优质石灰膏、纸筋(分粗和细)、麻丝、铜丝或铅丝、单6号钢筋或8号铁丝;还有工具准备——堆塑的机具与一般抹灰相同,最主要的是用牛骨或黄杨木自制的溜子等工具(图9-2),只有根据个人习惯自制的溜子,用起来才会得心应手。

(2)扎骨架:用粗细麻丝配合铜丝或镀锌铅丝按设计图(或实物原形)扎成人物或飞禽走兽的造型的轮廓,并且将主骨架与支承物体牢固地联结(图9-3)。

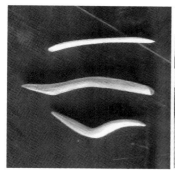 

图9-2 用黄杨木自制的　　　图9-3 用铅丝等扎成的童子
　　　堆塑工具　　　　　　　　　　手执莲花造型

(3)刮草坯:刮草坯是采用粗纸筋石灰在造型的轮廓上一层一层地堆塑出设计所要求的造型,每次堆塑前必须将前次堆塑的纸筋石灰层压实磨刮,待稍干后再进行(图9-4)。每层堆塑厚度不应超过8mm,每堆一层。需绕一层麻丝或铁丝,以免豁裂、脱壳,影响堆塑寿命。刮草坯用粗纸筋石灰的配合比为优质块灰:粗纸筋为5:1左右;或者是每立方米优质石灰膏内掺120kg粗纸筋。纸筋应事先铡碎,泡在石灰水中沤(约4~6个月),沤烂化软后捞起与石灰膏搅拌均匀并锤捣至带有黏性和可

图 9-4 堆塑的制作过程

塑性为止。

（4）堆塑细坯：用条形溜子按设计图精心细塑，切勿操之过急。细塑用的是细纸筋石灰，可以掺入化好的颜料，再加入牛皮胶，细纸筋沤烂化软后应过滤和清除杂质。细纸筋石灰一定要捣到本身具有黏性才可使用。

（5）压光：从刮草坯起至堆塑，均需用铁皮或黄杨木加工的板形（或条形）溜子将造型从上到下进行压、刮、磨 3～4 遍（图 9-5），直到压实磨光为止（造型的成品表面必须光滑、无痕迹并发亮，否则容易渗水开裂，影响堆塑的耐久性）。

图 9-5 对堆塑人物的脸部进行压光处理

9.1.2 人物的堆塑

要堆塑人物，首先要熟悉和掌握人体的比例和结构。人的身高比例一般以头的长度作为单位。对男女成年人的比例有"立七、坐五、盘三"的说法。头部的比例有"三庭、五眼"的说法。

笑脸堆塑：嘴角宜向上翘或露出上下牙齿，两眼要细长而向下弯。孩童面相头大面圆、目秀眉清、鼻短、口小、下颌多方、面颊肥嫩、常带笑容。

美人像堆塑：鼻如胆、瓜子脸、樱桃口。

三星样堆塑："福"，天官样，天官帽、朵花立水江涯袍，朝靴抱笏五绺髯。"禄"，员外郎，轻软巾帽，绦带绿袍，携子又把卷画抱。"寿"，南极星，绾冠玄氅系素裙，薄底云靴，手拄龙头拐杖（图 9-6）。

图 9-6　狮子林正堂屋脊的三星堆塑

建筑堆塑人物衣纹宜用"蚯蚓纹"，由于堆塑人物大多在建筑物上处于的位置较高，面部宜采用俯视，身体宜向前倾斜（图 9-7）。

图 9-7　山花堆塑"万象更新"中的两位童子均采用俯视的造型

9.1.3　动物、花草的堆塑

堆塑动物和人体一样，也需要掌握动物的骨骼、结构和各种动作的形态，如马走路时，前后蹄运动的方向相反，奔跑时四足应有一足着地等。堆塑花草，叶瓣要有翻折，有疏有密、要有层次感（图9-8）。

图9-8　松鹤图案堆塑

9.2　苏式堆灰塑的作用

9.2.1　苏式堆塑是表示古建筑等级的主要标志

在封建社会里，古建筑可分为八个等级。屋脊砌筑得好坏与否不仅关系整个建筑的坚固持久，还是其建筑等级的重要标志。苏州地区的屋脊头做法有：龙吻脊、鱼龙吻脊、哺龙脊、哺鸡脊、纹头脊、雌毛脊、甘蔗脊、游脊。苏州文庙的大成殿黄墙、黄瓦，屋顶造型庑殿式。屋脊两端的龙吻高达200厘米，外观威严、庄重，是苏州地区最高等级的建筑（图9-9）。一般

图9-9　狮子林贝家祠堂的鱼龙屋脊

庙宇祠堂用鱼龙吻、哺龙吻、哺鸡脊，狮子林贝家祠堂为鱼龙吻脊，也显得较大气。民居则多采用纹头脊、雌毛脊、甘蔗脊、游脊。东山镇的春在楼也有不少堆塑佳作，前楼主脊为纹头脊，两边为东桃西石榴，造型逼真，各种屋脊显示着房主的身份和地位。

9.2.2　苏式堆塑美化了古建筑

堆塑艺术既有它的特点，也有它的局限性。堆塑只能表现一个瞬间的动作和神态，无法像戏剧、电影那样运用连续的、有声有色的形象、生动的故事情节和丰富的语言以及环境的烘托等表现手法来吸引观众；也不能像文学作品那样，通过优美的文字描写、情节的发展、人物的性格、心理活动以及形象动作和场景描写去引发读者的感受和深思。堆塑主要以人物形象本身来表达主题思想，给人以直接的、强烈的印象，从而引起观众的共鸣或联想。在造型艺术领域里，堆塑与绘画有着明显区别。绘画是在画面上用线条、明暗、色彩、形体、透视关系等手段来描绘形象，使观众产生立体感和空间感的错觉的一种艺术。而堆塑则是各种物质材料制成的具有实在的体积的艺术形象，因为它是一种具有可触感的艺术。堆塑的形象本身不存在透视关系，只是因为观众的视点不同、放置位置的高低不同、光线不同使人产生各种不同的感觉。堆塑与建筑密切结合，是一种用来装饰美化建筑物的艺术。我国古代的宫殿、寺庙、塔、住宅等都有许多以人物、动物、禽、鸟、鱼、虫、花卉等为题材的堆塑。建筑有了这些堆塑装饰就显得更加宏伟、美观。

9.2.3　苏式堆塑有区分古建筑性质的功能

堆塑的题材、构思、构图这三者既有区别又有着紧密的联系。

堆塑的题材一般选用吉祥图案、历史故事、人物、动物、花草等。古代有"一曰寿，二曰富，三曰康宁，四曰悠好德，五曰考终命。"民间也把"五福"解释为福、禄、寿、喜、财。而动物图案，最为匠人所喜用，他们被赋予各种吉祥的寓意，广泛地用于各种造型领域。选择什么题材，涉及作者对生活的认识和艺术的修养。选择好题材后，就要对主题思想进行探索。什么叫主题？简而言之就是作者要在堆塑作品中表现的中心思想。一件主题鲜明的堆塑作品，不需要文字和作者介绍，一看堆塑形象就能明白，而且艺术形象会比实际生活更高、更集中、更强烈、更典型。

堆塑按其不同的功能可以分为宗教堆塑、园林堆塑、民间堆塑。

（1）宗教堆塑，凡是以宗教人物、故事为题材，以宣传宗教思想为目的的堆塑作品都算宗教堆塑。主要可以分为佛教堆塑和道教堆塑两大类。佛教堆塑：常见的题材如"西天取经"、"吉祥如意"、"济公活佛"、"寒山拾得"等。如苏州寒山寺藏经楼正脊龙腰堆塑的"西方三圣"面部丰润、端庄、慈祥，不仅人物的形体结构正确、体态自然、服装合度，更重要的是把人物的典型性格、思想感情都充分地刻画出来。道教堆塑：主要有"星宿人物"、"团龙喷水"、"八仙"等。如苏州玄妙观三清殿正脊龙腰的团龙图案堆塑结实有力、粗壮深厚、充分显示了苏州香山帮工匠的聪明才智和精湛技艺（图9-10）。

图9-10　玄妙观雷尊殿的正脊团龙堆塑

（2）园林、民间堆塑：这类堆塑的题材比较广泛，从表现手法来看，主要有象征、寓意和谐音等几种。

1）象征：凤凰、麒麟是人们想象中的瑞兽，以这些瑞兽和其他形象构成的传统吉祥图案有："丹凤朝阳"、"百鸟朝凤"、"麒麟送子"等，"丹凤朝阳"象征光明和幸福。"百鸟朝凤"相传凤鸟原来是一种简朴的小鸟，他终日劳动，在一个大旱之年以劳动的果实拯救了濒临饿死的各种鸟类，众鸟为了感谢他的救命之恩，各自选取了自己身上一根最美丽的羽毛送给他，从此凤鸟就成了一只极其美丽、高尚和圣洁的神鸟，被尊为百鸟之王。民间常以"百鸟朝凤"来象征吉祥喜庆的幸福生活。"麒麟送子"，也是吉祥的征兆，一童子坐在麒麟上，手持如意，象征人们喜得贵子。"双狮戏球"，狮子有着尊严的外貌，在古代被视作护法者，是建筑的守护神，更是喜庆的象征。"万象更新"，过去在岁末年初、辞旧迎新之时，有一句成语"一元复始，万象更新"。大象背驮万年青，象征财源不断、时运好转。

2）寓意：古往今来，人人都希望子孙绵绵、健康长寿，寄寓和祝福的图案较多，如以葫芦寓子孙万代绵延不绝，以牡丹花寓意繁荣昌盛，以仙鹤寓意长生不老等。仙鹤和青松组成的图案"鹤寿延年"就是寓意长寿长乐。

3）谐音：即以同音或近音借喻某一吉祥事物。如把蝙蝠喻为"遍福"，鱼喻为"余"（富余）等。这类型的动物图案有"福寿双全"，以一只蝙蝠，二只寿桃、二枚古钱组成的图案。"福从天降"蝙蝠口衔寿桃，伴着祥云来寓意幸福降临。"福海寿山"图为海水中立一寿石，空中飞来几只蝙蝠（图9-11），这是祝贺长寿的图案。用蝙蝠组成的图案还有"福在眼前"、"五福捧寿"等。用鱼组成的吉祥图案有"连年有余"

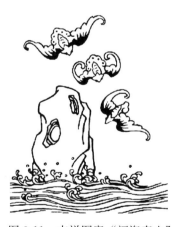

图9-11　吉祥图案"福海寿山"

（图9-12）、图中绘莲花和鲤鱼，表示对生活的优裕、连年富足的祝愿。"双鱼吉庆"，图中绘有两条鱼，以古钱或花草组成图案。（图9-13）在古代鹭也属于吉祥鸟，它曾是清代六品文官的服饰标记。"鹭"与"路"谐音，"莲"与"连"谐音，用鹭与莲花组成的图案，就叫"一路连升"（图9-14），寓意事业非常顺达，犹如考场接连登科。

图 9-12　吉祥图案"连年有余"

图 9-13　吉祥图案"双鱼吉庆"

图 9-14　吉祥图案"一路连升"

　　堆灰塑作品主要反映出人们期盼消灾、延年、平安、富裕、生活美满的心态。为此，人们常采用寓意的方式堆塑出丰富多彩、不胜枚举的吉祥图案，千百年来为人们所喜闻乐见。由此形成的堆塑作品的主要题材有"三星高照"、"刘海戏金蟾"、"松鹤柏鹿"、"五子登科"、"平升三级"、"五福拜寿"、"丹凤朝阳"、"和合二仙"、"麒麟送子"、"二十四孝"、"牛郎织女"、"天女散花"、"嫦娥奔月"、"沙滩救驾"、"金鸡荷花"、"雀梅"、"岁寒三友"、"游龙戏凤"、"狮子滚绣球"等。

　　堆灰塑作品融入建筑，使其物质功能上升到精神生活领域，它除了起到美化的作用外，更主要的是反映出建筑的性质等级。

复习思考题

1. 填空题

（1）堆灰塑艺术是一种较为突出的（表现形式），它是主要用水泥、（石灰）、（纸筋）等来塑造各种具有立体效果的形象。常用在古建筑的（屋脊）、（沿口）、飞檐、戗角和（山墙）等处。

（2）香山帮匠人堆塑的主要形象，取材简单，多用亭台楼阁、（花草树木）或飞禽走兽，以衬托各种历史人物或神话传说为题材，配以形形色色的花纹（镶边），每一幅堆塑作品寓意一个（历史故事）或（典故），形象生动，含义深刻。

（3）堆塑的工具，主要是用（牛骨）或（黄杨）木自制的（溜子）。

2. 选择题

（1）堆塑的历史最早可以追溯到（C）时期的陶艺造型。

A. 仰韶文化　　　　　　　　B. 春秋战国

C. 河姆渡文化　　　　　　　D. 红山文化

（2）堆塑制作步骤可分为（B）、刮草坯、细塑、压光等几步。

A. 磨光底面　　　　　　　　B. 扎骨架

C. 打腹稿　　　　　　　　　D. 拌水泥纸筋

（3）一般来说，堆塑在刮草坯时，水泥纸筋中的纸脚可以（B）一些。

A. 清淡　　　　　　　　　　B. 粗

C. 少　　　　　　　　　　　D. 细

（4）在塑细坯时，细纸筋石灰一定要捣到本身具有（C）才可使用。

A. 拉展性　　　　　　　　　B. 光滑表面

C. 黏性　　　　　　　　　　D. 气泡

3. 是非题

（1）宗教堆塑是以宗教人物、故事为题材，以宣传封建迷信为目的的堆塑作品都算宗教堆塑。主要可以分为佛教堆塑和基督教堆塑两大类。 　　　　　　　　　　　　　　　　　（×）

（2）用蝙蝠组成的图案有"福在眼前"、"五福捧寿"、"福寿双全"、"福从天降"、"福海寿山"等。 　　　　　　（√）

（3）堆塑作品主要反映人们期盼平安、富裕、生活美满的心态。为此，人们常采用寓意的方式堆塑出丰富多彩、不胜枚举的吉祥图案，千百年来为人们所喜闻乐见。 　　　　　　（√）

（4）堆塑作品融入建筑，使其物质功能上升到精神生活领域，它除了起到美化的作用外，更主要的是反映出人们美好的愿望。 　　　　　　　　　　　　　　　　　（×）

4. 简答题

（1）简述堆塑中压光的过程。

答：堆塑作品的压光指从刮草坯起至堆塑，均需用薄钢板或黄杨木加工的板形（或条形）溜子将造型从上到下进行压、刮、磨3～4遍，直到压实磨光为止，使造型的成品表面必须光滑、无痕迹并发亮。

（2）简述笑脸堆塑的要领。

答：笑脸堆塑的要领是，嘴角宜向上翘或露出上下牙齿，两眼要细长而向下弯。孩童面相头大面圆、目秀眉清、鼻短、口小、下颌多方、面颊肥嫩、常带笑容。

（3）简述苏式堆塑的作用。

答：苏式堆塑主要有三大作用：一是可以表示建筑物的等级；二是可以美化建筑；三是有区分古建筑性质的功能。

（4）简述园林、民间堆塑的几种表现手法。

答：园林、民间堆塑的表现手法主要有象征、寓意和谐音三种。

象征：是指用一些民间传说或神话故事来表达对各种美好事物的期盼，如"麒麟送子"象征人们喜得贵子。"双狮戏球"，狮子在古代被视作护法者，是建筑的守护神，更是喜庆的象征。"万象更新"，象征辞旧迎新。大象背驮万年青，象征财源不断、时运好转。

寓意：是有具体物件的形象，使人联想出美好的事物，如以葫芦寓子孙万代绵延不绝，以牡丹花寓意繁荣昌盛，以仙鹤寓意长生不老等。仙鹤和青松组成的图案"鹤寿延年"就是寓意长寿长乐。

谐音：指通过近似的发音来暗示某些吉祥事物，如把蝙蝠喻为"遍福"，鱼喻为"余"（富余），"鹭"与"路"谐音，"莲"与"连"谐音，用鹭与莲花组成的图案，就叫"一路连升"，寓意事业非常顺达，犹如考场接连登科等。

10 水作砖细工专题技艺：门楼（墙门）

教学目标

　　了解砖细门楼的种类和具体做法、熟悉砖细门楼各部位的名称，掌握牌科门楼和锦式门楼的区别。

　　凡门头上施数重砖砌之枋或加牌科等装饰，上覆瓦面者称为门楼或墙门。用于寺庙之进门，以及家宅每进塞口墙之间。门楼或墙门名称上的区分，主要在两旁墙垣衔接的不同，屋顶高出墙垣的叫"门楼"。墙垣高出屋顶的称"墙门"。他们的做法则完全相同。

　　砖细门楼及墙门按"底脚"平面可以分为八字垛头式、流柱衣架锦式。流柱衣架锦式常用于非常重要之地，如边落。八字垛头式下枋以上较流柱衣架锦式复杂，除设上下枋、字碑、三飞砖等，还要施加挑台、栏杆、斗栱等。屋面形式主要有硬山式、歇山式。

10.1　牌科墙门

　　牌科墙门也称为"八字垛头式墙门"，墙门门框为石料。门框横架上面的称"上槛"，下面横于地上的叫"下槛"，两旁垂直之石框称"桁"。上下槛打铲口，门两侧做砖墩，称"垛头"，深同门宽。垛头内侧墙面做八字形称"扇堂"，作为门开启时依靠之所。扇堂的斜度，以门宽的 4/10 为度。铺于垛头扇堂间下槛边之石条名"地袱石"。垛头下部做勒脚，上部驾石条名"顶盖"，内并加横木名"叠木"，叠木起到承重作用，外挂清水砖作枋形，称"下枋"。枋面出垛头寸许，枋面起线，两端雕围纹脚头，中间留长方形平面，称"一块玉"。枋面亦可施雕刻。下枋之上为仰浑、宿塞、托浑、二路飞砖。再上则为"上枋"。上枋的式样一如下枋，枋底二飞砖开槽以悬挂落，枋之两端设荷花柱，柱之下端刻垂荷状或做花篮、狮子戏绣球等，其上端连于将板砖，旁插挂芽，将板砖连"定盘枋"、"定盘枋"以上为牌科。有一斗三升、一斗六升、一字牌科、丁字牌科均可。上部枋、桁、椽、屋面。屋顶视位置可以用硬山或歇山，一般硬山式侧面牌科位置用靴脚砖，歇山屋面牌科兜通（图 10-1、图 10-2）。

图 10-1 耦园"诗酒联欢"墙门（硬山式八字垛头墙门）

图 10-2 网师园"藻耀高翔"墙门（歇山式八字垛头墙门）

10.2 锦式墙门

锦式墙门也称为"流柱衣架锦式墙门"，墙门下枋以上基本和硬山式八字垛头墙门相同，只是在下部有所区别，不设八字垛头，做细柱称"流柱"，柱面宽 14cm，凸出墙面 5cm，下做合盘式鼓蹬。扇堂设在厚墙内（图 10-3）。

图 10-3　网师园"松竹承茂"墙门（流注衣架锦式墙门）

复习思考题

1. 填空题

（1）门头上施数重砖砌之（枋）或加（牌科）等装饰，上覆（瓦面）者称为（门楼）或墙门。用于寺庙之（进门），以及家宅每进（塞口墙）之间。

（2）八字垛头式墙门下枋以上较流柱衣架锦式墙门（复杂），除设上下（枋）、字碑、（三飞砖）等，还要施加（挑台）、栏杆、（斗栱）等。

（3）墙门的门框横架在上面的称（上槛），下面横于地上的叫（下槛），两旁垂直之石框称（枕）。

2. 选择题

（1）砖细门楼及墙门按"底脚"平面可以分为八字垛头式、（D）两种。

A. 一字平头式　　　　　　B. 多层式

C. 金柱式　　　　　　　　D. 流柱衣架锦式

（2）墙门的屋面形式主要有硬山式和（A）。

A. 歇山式　　　　　　　　　　B. 尖顶式

C. 悬山式　　　　　　　　　　D. 敞山式

（3）牌科墙门也称为"八字垛头式墙门"，墙门门框为（B)。

A. 木料　　　　　　　　　　　B. 石料

C. 灰料　　　　　　　　　　　D. 细料

3. 是非题

（1）门楼或墙门名称上的区分，主要在两旁墙垣衔接的不同，屋顶高出墙垣的叫"门楼"。墙垣高出屋顶的称"墙门"。他们的做法也完全不同。　　　　　　　　　　　　　　　　（×）

（2）锦式墙门也称为"流柱衣架锦式墙门"，做法完全和硬山式八字垛头墙门相同。　　　　　　　　　　　　　　　（×）

（3）锦式墙门在下部不设八字垛头，做细柱称"流柱"。

（√）

（4）牌科墙门的下枋之上为仰浑、宿塞、托浑、二路飞砖。再上则为"上枋"。　　　　　　　　　　　　　　　　（√）

4. 简答题

（1）简述"八字垛头式"墙门的构成和各部件称谓

答：八字垛头式墙门门框横架上面的称"上槛"，下面横于地上的叫"下槛"，两旁垂直之石框称"枕"。门两侧做砖墩，称"垛头"，垛头内侧墙面做八字形称"扇堂"。铺于垛头扇堂间下槛边之石条名"地袱石"。垛头下部做勒脚，上部驾石条名"顶盖"，内并加横木名"叠木"，外挂清水砖作枋形，称"下枋"。枋面出垛头寸许，两端雕围纹脚头，中间留长方形平面，称"一块玉"。下枋之上为仰浑、宿塞、托浑、二路飞砖。再上则为"上枋"。上枋的式样一如下枋，枋底二飞砖开槽以悬挂落，枋之两端设荷花柱，柱之下端刻垂荷状或做花篮、狮子戏绣球等，其上端连于将板砖，旁插挂芽，将板砖连"定盘枋"、"定盘枋"以上为牌科。上部枋、桁、橼、屋面。屋顶视位置可以用硬山或歇山，一般硬山式侧面牌科位置用靴脚砖，歇山屋面牌科兜通。

11 苏州著名砖细塔与无梁殿

教学目标

全面了解苏州地区著名的砖细塔建筑，重点掌握上方山楞严寺塔、虎丘云岩寺塔、瑞光塔、方塔、甲辰巷砖塔、双塔、北寺塔和无梁殿的所在地点、建筑特色和历史由来等信息。

苏州是著名的历史文化名城，不仅以古典园林和水巷小桥闻名于世，而且是一座美丽的宝塔之城，还有无梁殿这样的砖细工艺精妙绝伦的历史遗产建筑。

苏州建塔的历史悠久，可上溯到三国东吴时期。然而，早期的塔都是木结构塔，经不起天灾人祸的破坏，早已销声匿迹。取而代之的是砖木结构塔。它出现于南北朝，历经数百年的发展，到宋代达到了它的顶峰时期，砖木混合结构塔的日趋成熟，使塔在结构技术和建筑艺术上都更为完美。

苏州历史上大大小小曾有过 100 多座宝塔，现全市仍保存的古塔有 20 多座。这些古塔数量多，时代早，选址好，造型美，是研究宋塔、宋代建筑和宋营造法式的珍贵实例。其中的砖塔更是造型别致，构筑精巧，各具神韵。有古朴的虎丘塔；庄重的瑞光塔；神奇的方塔；小巧的甲辰巷砖塔；挺秀俊俏的双塔等等，真是林林总总，各有千秋。为我们研究古代砖细造塔的技术，提供了丰富的材料和重要的依据。下面介绍一些苏州著名的砖细塔，让我们一起来领略一下苏州砖细的风采。

楞伽寺塔和虎丘塔，在第 1 章里已经详细介绍过了，此处不再赘述。

11.1 瑞 光 塔

在苏州现存的诸多古塔中，瑞光塔可谓是独耀一方，除了它有着构筑精巧、形态优美的塔体外，更有着丰富珍贵的文物。因此瑞光塔饮誉海外。

瑞光塔坐落在古城西南的盘门内，它的得名与当时人们对佛教的崇拜有关。古时候，由于民间照明灯光暗，而瑞光塔上的夜间灯光就显得特别亮，这就使得苏州城区较大区域内，都能看到瑞光塔上照射出的光辉，当时人们认为这是佛塔瑞光的照耀，因此得名。

瑞光塔是北宋真宗景德元年奠基始建的，历经二三十年时间，于仁宗天圣八年前后竣工（图 11-1、图 11-2）。瑞光塔与其前营建的佛塔有所区别，主要表现在以下几方面：

图 11-1　瑞光塔旧影
（摄于 1886 年）

图 11-2　修复后的瑞光塔现状

首先，重视地基的处理。瑞光塔一改虎丘塔在地基基础方面粗放的做法，而在地基中采用多层泥土夯筑且加置石灰膏泥夯层固结地基的做法。在底层砖砌体下转角处仿木砖柱下放置硕大磉石 24 块，在砖墙下铺设垫石，在塔体底层外围砌高达 1.04m 的八边形青石须弥座（对边长 22.25m），使整座佛塔置于坚实而稳定的基础上，从而塔体的不均匀沉降和倾斜都控制在极小的范围内。

其次，是采用优质的建筑材料。瑞光塔所用条砖形制且烧制质量较优，尤其是采用石灰膏泥作为砖砌的粘合剂，在塔基、塔体转角处和三层窖室及砌体表面等重要部位使用，使结构增强。瑞光塔及塔藏文物能保存到现在，与当时选用的优质材料是分不开的。

还有就是在塔体结构方面，采用了砖木混合结构的做法等。

祥光普照的瑞光塔、具有 2500 多年历史的古盘门和高架在大运河之上的姑苏名桥吴门桥，共同构筑成"盘门三景"。她正以那古雅、悠远的吴文化，迎接着来自五湖四海的宾客们。

11.2　方　　塔

方塔，又名"文星阁"。在苏州东南的相门和葑门之间的苏州大学校园里，建于明万历十七年至万历二十五年，距现在已有 400 多年的历史（图 11-3）。

图 11-3　苏州大学校园的方塔

文星阁外观呈四层方形，各层东西南北四面辟拱门，没有腰檐、平座、斗栱等。上覆四角攒尖顶，四角翘起，宛如鸟翼，翩翩欲飞，中间葫芦结顶，整座塔身显得轻盈自然。塔下畏以三级青石，南面石级作八字形，可从两侧拾级而上。全塔通高 28m 左右。该塔底层边宽 8.6m，自下而上作不甚明显的收分，形成有层次而挺直的轮廓线。三层以下以砖结构为主，仅二、三层地板与楼梯为木制。底层砖级，藏于夹墙之内。塔内方室四隅有砖砌八角形倚柱，柱端隐出斗栱。顶层用木梁架结构支承阁顶，第三层与顶层斗间无楼板，仅于四周沿墙构出回廊，中心形成四方空井，中间放置着横梁，悬挂巨钟，钟上铸有"文星宝阁"铭文，现在大钟已有损毁。

11.3　甲辰巷砖塔

位于相门内干将路甲辰巷市桥头，1982 年被列为苏州市 文物保护单位（图 11-4）。

据《吴门表隐》载，苏州城中曾有七座小型砖塔，多为宋代所建。其中两座早毁，两座毁于清乾隆年间，白塔于 1928 年拓宽临顿路时拆除，濂溪坊的一座也于 20 世纪 50 年代加宽路面时拆去。仅存的这一座，《吴门表隐》谓为"城中 七塔"之第二，即甲辰巷砖塔。

该塔为五级八面楼阁式砖结构仿木塔，高 6.82m，基座每边底宽 0.51m，对径 1.2m。腰檐、平座以菱角牙子和叠涩砖相间挑出，并有转角铺作及阑额、柱头枋自檐下壁面隐出。八面间隔辟壸门和隐出直棂窗，各层门窗方位交错设置，内部方室逐层转换 45°。全塔以清水砖砌成，不施粉彩，朴实无华（图 11-5）。

该塔民国初年即被围入民宅，围着塔身搭建了房屋，仅上半截露出屋面。由于长年失修，加上 1966 年的人为破坏，原仅存四层，腰檐亦已残缺不全。1991 年列入文物维修项目，经一年半动迁、测绘、设计等准备，于 1993 年 5 月动工维修，加固了底层，修复了各层塔檐、翼角、平座，补齐了斗栱等构件，重建了第五层和塔顶，制作安装了塔刹，并在拆除民房的地基上开辟

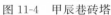

图 11-4　甲辰巷砖塔　　　　图 11-5　甲辰巷砖塔的细部结构

了塔院。

　　该塔建造年代无考，因宋《平江图》上在此位置上有塔的标记，而且塔的结构、造型与宋代楼阁式仿木结构砖塔如罗汉院双塔、上方山楞伽寺塔相似，因此过去都认为是宋塔。然而，在多次维修中对塔砖进行了"热释光"抽样测定，结果砖的制作年代为晚唐至五代末期，同时发现塔的有些部位和构件的做法和风格也表现出某些唐代建筑的特征，因此建塔时间可能早于宋代，确切年代尚待进一步考证研究。

　　甲辰巷砖塔小巧精致，构造规范简洁，是苏州"城中七塔"仅存的一座，具有较高的文物研究价值。

11.4　双　　塔

　　罗汉院双塔及正殿遗迹位于凤凰街定慧寺巷 22 号。唐咸通二年（公元 861 年）盛楚创建佛寺于此，初名般若院，五代吴越钱氏改为罗汉院。北宋太平兴国七年（公元 982 年）至雍熙中，王文罕兄弟捐资重修殿宇，并增建砖塔两座（图 11-6），千余年来仅多次修理塔刹相轮（图 11-7），结构式样保持不变。塔的外壁虽为八角形，但内部方室仍沿袭北魏以来旧制，实为唐宋之间砖塔平面演变的实物例证。

图 11-6　定慧寺巷双塔

图 11-7　最近一次
修复的塔刹

双塔是东西比肩而立的两座七层八角楼阁砖塔，形式、结构、体量相同，底层墙表相距仅 15m，高约 33.3m，底层对边 5.5m。双塔形制模仿木塔，二层以上施平座、腰檐，腰檐微翘，翼角轻举，逐层收缩，顶端锥形刹轮高 8.7m。约占塔高 1/4，整体造型玲珑秀丽，旧时喻之为两支笔。腰檐以叠涩式板檐砖和菱角牙子各三层相间挑出，上施瓦垄垂脊。各层外壁表面隐出转角倚柱、阑额、斗栱，均仿木结构式样。平座亦以叠涩砖及砖砌栌斗、替木构成。座上原有栏槛，今已无存。底层原有副阶周匝，早已倾圮，仅存角梁和砖石台基。塔壁每层四面辟壸门，另四面隐出直棂窗。进壸门经过道导入方形塔室（仅第五层为八角形），内无塔心柱。方室逐层错闪 45°，各层门窗方位也随之上下相闪，不但外观参差错落，富于变化，且使塔壁重量分布较为均衡，避免导致纵向开裂。

塔室内敷设木楼板，上墁地砖，并有木梯可登塔。楼板以木制斗栱及棱木承托。内壁施砖砌角柱、额枋等。第六七层方室中央立支持刹轮的刹杆，下端以大柁承托。

正殿故基在双塔之北，距离塔心 21m，南向。其中轴线较双塔中轴线偏西 3.5m。根据柱础排列位置可知，正殿面阔与进深皆为三间，东、西、北三面绕匝副阶，总面阔 18.4m，总进深 18.2m，属正方形平面，明间有露台向南伸展。若根据宋《营造法式》复原，此殿应为单檐歇山式。现存四周石制檐柱 16 根，大多完好，高约 4m，上端有安木枋榫头的卯槽。造型有雕花圆柱、瓜棱柱、八角柱三种。石柱础 30 个皆为覆盆式，檐柱础的盆嘴形均与柱形相配。前檐六柱及柱础为圆形，通体浮雕牡丹、夏莲、秋葵等缠枝花卉婴戏纹饰，构图典雅，线条流丽，堪称宋代建筑石雕艺术精品。此外，尚有石门槛、石罗汉、石须弥座、石狮等遗物，惜残损者居多。

正殿遗迹经清理复位，为江苏目前唯一作为文物保护的宋代建筑遗迹，所存宋代石雕柱、柱础之精美亦属罕见（图 11-8）。

图 11-8 双塔罗汉院正殿遗址保留的宋代石雕柱础

11.5 北 寺 塔

北寺塔位于人民路 652 号，占地 1.3 亩，1957 年被列为江苏省文物保护单位。

北寺是报恩寺的俗称，位于北塔公园，号称"吴中第一古刹"，始建于三国，相传是孙权为报母恩所建，因而得名报恩寺（图 11-9）。

北寺塔为九级八面砖木结构楼阁式，每层挑出平座、腰檐，底层对边 18.8m，副阶周匝，基台对边 34.3m，塔顶与刹约占 1/5。塔高 76m，重檐覆宇，朱栏萦绕，金盘耸立，峻拔雄奇为吴中诸塔之冠，登塔远眺，可俯瞰苏州全景。塔身结构由外壁、回廊、内壁和塔心室组成。每层各面外壁以砖砌八角形柱分为三间，于当心间辟门（图 11-10）。外壁、八角形回廊两壁及塔心方室壁上，均有砖制柱、额、斗栱隐出，自栌斗挑出木制华拱与昂。回廊转角处施木构横枋和月梁联结两壁，再以叠涩砖相对挑出，中央铺楼板，墁地砖。廊内置木制梯级。第九层回廊顶纯用叠涩砖挑至中点会合。第八九层塔心方室中央立刹杆，上端穿出塔顶支承刹轮，下端以东西向大柁承托。塔基分基台与基座两部分，均为八角形石雕须弥座式。基台高 1.34m，下枋满雕卷云纹。台外散水海墁较现地面低 0.73m，基座高 1.42m，边沿距底层塔壁 0.78m，束腰处每面雕金甲护法力士坐像三尊，转角处

图 11-9　苏州北寺塔　　　　图 11-10　北寺塔三层内部的回廊

雕卷草、如意纹饰。据考证，塔的外壁与塔心砖造部分，以及石筑基座、基台，基本上为宋代遗构，木构部分则以后代重修居多。各层塔门过道上和塔心方室上的砖砌斗八藻井等仿木构装饰，结构复杂，手法华丽，第三层塔心门过道上的藻井尤为精致。为砖雕五铺作上昂圆形斗八藻井，典型的宋代实物，为国内珍品、孤品。塔内砖砌梁额、斗栱、斗八藻井，顶层塔心刹杆，内檐五铺作双抄或单抄上昂斗栱，柱头铺作用圆栌斗，补间用讹角斗，内转角用凹斗，以及塔基须弥座石刻等，都是研究宋代建筑的珍贵实物。

塔的四周尚存部分明清时期重建的报恩寺殿堂建筑。位于塔东的不染尘观音殿，俗称楠木观音殿（图 11-11），始建于南宋绍兴二十三年，现存殿宇为明万历时重建，是苏州保存最完整的明代建筑。殿为重檐歇山顶，面阔五楹，进深五间，内四架，前置檐廊，檐高 7m，四周檐柱为抹角石柱，内柱用楠木。

观音殿南建有一长廊，陈列着目前国内最大的巨型漆雕"盛世滋生图"也称"姑苏繁华图"，长 32m，高 2m。塔后有罕见的元代石雕"张士诚记功碑"（图 11-12）。

图 11-11　不染尘观音殿

图 11-12　张士诚记功碑石刻

塔北有古铜佛殿，藏经阁。古铜佛殿曾供铜铸三世佛，单檐硬山顶，观音兜山墙，面阔七间，进深六间，五间为殿，左右尽间为楼，梁架、脊饰具有徽州建筑风格。藏经阁为重檐歇山楼阁式，楼层面阔七间，进深四间，底层面阔九间，进深六间，原额梵香堂。塔东北有园，山石峭拔，水池萦洄，亭榭廊桥各得其所，名为梅圃。至于塔南临街的四石柱三间五楼木牌坊，三开间硬山顶门厅及贴砖八字墙，则是马医科申时行祠前之物。

11.6 观 音 塔

苏州木渎的天平山上有一座袖珍砖塔，叫观音塔，建在登天平路的"一线天"下龙门右侧的悬崖峭壁上（图 11-13）。这里古木交错，绿树成荫，缕缕阳光透过丛林，或明或暗的照射在这座袖珍砖塔上。观音塔是一座造型极为奇特的砖塔。一般古塔，多采用一、三、五、七、九级奇数层建造，而此塔仅四层，为偶数层。该塔由塔基、塔身和塔刹组成。塔基长、宽分别为 90cm 和 92cm，高 50cm，略成正方形。塔身高 2.38m，有腰檐，每层东南西北四方各辟一门。塔身之上覆盖着塔刹，高 50cm，亦有檐口挑出。整座塔仅高 2.38m，全用砖砌，不用寸木，玲珑挺秀，古色古香，显示了古代工匠高超的造塔技艺（图 11-14）。观音塔内原

图 11-13　天平山上的观音塔

图 11-14　观音塔塔高四层

来每层都有观音塑像，可惜历经沧桑，今已荡然无存。

观音塔下的陡壁名"岫云石"，上面镌刻着偌大的一个"佛"字，旁有"东坡"二字，相传此"佛"字为苏东坡手书（见图11-15）。此塔年代虽无从查考，但当地人传为宋代遗物。

图 11-15　岫云石上有苏东坡手书佛字

11.7　无　梁　殿

苏州古城内开元寺无梁殿原称藏经阁（图 11-16），建于明万历四十六年（1618 年），造型宏伟，通身砖砌，内部为券洞式砖结构，不用寸木，不设梁柱。殿为楼阁式，上下两层高约19m，重檐歇山顶，平面呈长方形，面阔七间 20.9m，进深11.2m，坐北朝南，殿的正立面上下各辟五座拱门，白石横额刻楷书"敕赐藏经阁"五字。楼层明间南北拱门上方各嵌汉白玉横额，镌佛典三藏，总目"经"、"律"、"论"的梵文汉字，音译篆书"修多罗"、"毗奈耶"、"阿比昙"。阁内上下各分为三大间，原先楼上藏经，楼下供奉无量寿佛。梯级砌在东面山墙夹层内，楼层四壁镶嵌明代章藻手书《梵网经》和《华严经》石刻。明间不用拱券改用叠涩收敛至中央，四隅以斗栱承托的八角形穹窿藻井，各向左右有砖砌半圆倚柱，上檐柱端以垂莲小柱出跳，柱以下有精美的石须弥座承托，雀替、华板、额枋、斗栱均仿木结构（图 11-17、图 11-18）。额枋直托斗栱，斗栱三跳上出重檐。楼

图 11-16 无梁殿砖雕

图 11-17 无梁殿仿木斗栱
的砖细物件
1—莲花状栌斗；2—藤头纹雀替；
3—云拱

图 11-18 砖细须弥座柱础

图 11-19 正面券门及正面砖
细组合斗栱

正面结构与下面相同，惟墙向里略收。二层平座栏杆的砖雕细巧，图案简洁典雅。殿顶坡度很大，利于排泄雨水，正脊饰琉璃游龙花卉，边檐四角微向上反翘，戗角雕塑四大天王立像，歇山顶及腰檐铺盖黄琉璃筒瓦，与清水砖外墙组合成和谐的色调，堪称明代砖细结构中的精品，也是一座良好的防火建筑。砖券结构的殿阁盛于明代，在现存同类建筑的江苏省五座无梁殿中，苏州开元寺无梁殿规模并不算大，却以结构和细部手法精致而取胜，整座殿阁于宏伟庄重中有玲珑华丽之致，充分反映了明代苏州香山帮建筑技艺的高超水平，享有"结构雄杰冠江南"的美誉。1956 年 10 月 18 日被列为江苏省文物保护单位（图 11-19）。

复习思考题

1. 填空题

（1）苏州建塔的历史悠久，可上溯到（三国东吴）时期。然而，早期的塔都是（木结构）塔，经不起天灾人祸的破坏，早已销声匿迹。取而代之的是（砖木结构）塔。它出现于（南北朝）时期，历经数百年的发展，到（宋）代达到了它的顶峰时期，砖木混合结构塔的日趋成熟，使塔在结构技术和建筑艺术上都更为完美。

（2）方塔，又名（文星阁）。在苏州东南的（相门和葑门）之间的苏州大学校园里，建于明万历十七年至万历二十五年，距现在已有（400）多年的历史。

（3）天平山上的（观音塔）是一座造型极为奇特的砖塔。一般古塔，多采用一、三、五、七、九级（奇数）层建造，而此塔仅（四层），为偶数层。该塔由塔基、塔身和（塔刹）组成。

2. 选择题

（1）苏州历史上大大小小曾有过 100 多座宝塔，现全市仍保存的古塔有（B）多座。这些古塔数量多，时代早，选址好，造型美，是研究宋塔、宋代建筑和宋营造法式的珍贵实例。

A. 30 B. 20 C. 50 D. 10

（2）苏州的著名方志《吴门表隐》载，苏州城中曾有七座小型砖塔，多为（C）代所建。

A. 南北朝 B. 唐代 C. 宋代 D. 清代

（3）北寺是报恩寺的俗称，位于北塔公园，号称"吴中第一古刹"，始建于三国，相传是（A）为报母恩所建，因而得名报恩寺。

A. 孙权 B. 孙策 C. 孙科 D. 孙尚香

3. 是非题

（1）瑞光塔坐落在古城西南的胥门内，它的得名与当时人们对道教的崇拜有关。 （×）

（2）古时候，由于民间照明灯光暗，而瑞光塔上的夜间灯光就显得特别亮，使得苏州城区较大区域内都能看到，瑞光塔因此得名。 （√）

（3）瑞光塔不太重视地基的处理，从而塔体的不均匀沉降和倾斜都很大。 （×）

（4）甲辰塔各层门窗方位交错设置，内部方室逐层转换45°。全塔以清水砖砌成，不施粉彩，朴实无华。 （√）

4. 简答题

简述方塔的造型。

答：方塔外观呈四层方形，各层东西南北四面辟拱门，没有腰檐、平座、斗栱等。上覆四角攒尖顶，四角翘起，宛如鸟翼，翩翩欲飞，中间葫芦结顶，整座塔身显得轻盈自然。

5. 搭配题

请用箭头符号将下列图片与其塔名和所在位置进行搭配。

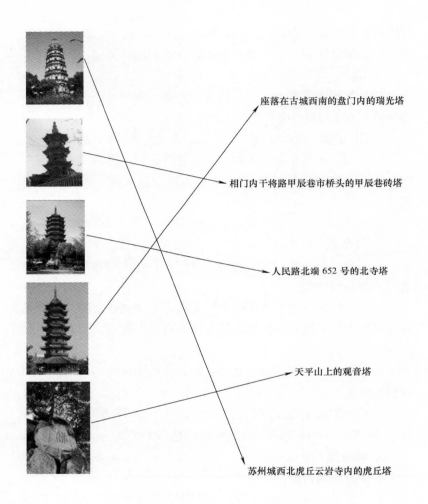

座落在古城西南的盘门内的瑞光塔

相门内干将路甲辰巷市桥头的甲辰巷砖塔

人民路北端 652 号的北寺塔

天平山上的观音塔

苏州城西北虎丘云岩寺内的虎丘塔

12 对苏州砖雕工艺的再认识

教学目标

了解苏州砖雕工艺的艺术风格和两大特征，即传神和细腻。了解雕刻的技法及材质对砖雕的影响。

苏州砖雕秀雅清新，工艺精湛，气韵生动，具有写实风格装饰的趣味。它符合人们的欣赏习惯，渗透着我国的民族传统和民间习俗，表达了人们的美好理想和向往。中国的砖雕艺术源远流长，而且极富有地域特征，苏州砖雕的雕刻技术上的特点是传神和细腻，组合与精致。

传神，是苏州砖雕的精华所在，虽然在不同的雕刻技法赋予砖雕千姿百态的艺术风格以类别来分，有圆雕、透雕、镂雕、深浮雕、浅浮雕等。但苏州砖雕的个性特征，却以传神凸现，无论是人物或是花卉，都犹如工艺重彩一般，如对人物形象的刻画，无论从人物表情还是动态比例，或是衣服的褶皱，无不惟妙惟肖，对花卉的处理简直可用巧夺天工来形容，如道观前潘宅门楼，其花枝的刻画，花朵的后背，就如真花一般（图 12-1、图12-2）。为我们留下了珍贵的艺术遗产。

图 12-1　苏州传统门楼砖雕　　　　图 12-2　苏州传统门楼砖雕

细腻是苏州砖雕的另一大特色，这一方面与苏州砖雕的砖质有关，苏州的砖，称得上是全国最好的砖，这决定了砖雕细腻的第一步，而砖雕艺人的高超技艺，则是进一步决定了砖雕的细腻，东山雕花楼，聿修厥德双面砖雕门楼，左右兜肚分别雕刻"尧舜禅让"，"文王访贤"。对人物的面部神态和人物动态的刻画尤为传神，人物神态惟妙惟肖，服饰上的图案花纹清晰可见，具有丝绸绫罗的感觉（图12-3、图12-4）。

图12-3　东山雕花楼砖雕

图12-4　砖雕

组合，在上、下枋中，因枋尺寸的限定，一般以几组人物构成画面，每组人物构成一个单元，四个单元为一组画面，以苏州大石头巷35号麟翔凤游门楼的下枋为例，它是以元代诗人翁森的《四时读书乐》的诗句，意景来组成春、夏、秋、冬四组场景，每一组中均以人物为主，采用前景，中景，背景相结合的手法组织画面，春景，"绿满窗前草不除"如图（12-5）。夏景，"瑶琴一曲来熏风"（图12-6）。秋景，"起弄明月霜天高"（图12-7）。冬景"数点梅花天地心"。（图12-8）"春"、"夏"、"秋"、"冬"拼接处，采用增设松树、枫树、梧桐、梅花来分隔，通过植树又巧妙地将四个画面有机组合在一起。

图12-5　"春"绿满窗前草不除

图 12-6 "夏"瑶琴一曲来熏风

图 12-7 "秋"起弄明月霜天高

图 12-8 "冬"数点梅花天地心

　　精致不仅是砖细技术的保证，还是砖细艺术的生命，一件优秀的艺术作品，可以经传几百年上千年，一件大师的作品，又可以起鹤立鸡群、领导和主导作。现有几幅老照片可供读者欣赏，领会，接纳。第一张，苏州关帝庙清水砖雕三楼发戗牌科门楼，历史至今，苏州市区共有大小关帝庙达十三处，而现关帝庙为最大，地处市中心，察院场东北角，该庙等级最高，外观五大间，设三门，正门即三楼发戗砖细门楼，大门可设下枋，字碑兜肚枋，中花枋，额枋及上花枋，各枋面层满雕三国故事，如桃园结义，三英战吕布，单刀赴会，华客道，战长沙，古城会等故事，三楼设斗栱似为一翘重昂，斗口较大，大于五七式斗栱，层面为筒，戗角为苏州地方仿木包括老戗发戗，戗檐每条上设走狮三只，背为亮、暗花筒组合，为龙吻背，关老爷汉为侯，宋封王，明称帝，释为佛，道为禅，儒为圣受到历代人们的尊敬和朝拜，可惜苏州最大，等级最高的砖雕门楼在 20 世纪 60 年代城市改造中全部拆掉了。当时有一部分精致的神雕像搬到玄妙观关帝殿，但都没有逃过十年浩劫，人们只能从旧照中来凭吊了（图 12-9）。

图 12-9　苏州关帝庙清水砖雕

图 12-10 是苏州砂皮巷回教礼拜寺的砖细三楼牌科门楼，礼拜寺大门，面宽三面，左右设便门，正中即是该门楼，结构分为下枋、字碑枋、中枋、额枋、上枋，下枋主要雕刻西北地区回民的生活写照，有古老的城堡，宽畅二层平顶居民，神圣的邦之楼等，字碑枋正中大写书法礼拜寺三字，兜肚为人民过宗教生活，中花枋为西北地区自然景象，上面活跃地方分布十只造型各异的熊，熊的造型在砖雕门楼上出现比较少见，可能是回民认为吉祥物。额枋周边为回纹图案，正中圆心为波斯文雕刻，技法自然，变化婉转，就是不知它的含义，门楼戗角为苏州地区仿木包括老戗结构，戗背无走狮，回纹纹头脊，筒瓦顶，为伊斯兰文化与苏州传统古建筑风格相结合，有机组合的成功之作。礼拜寺门楼曾被作为苏州门楼的标志性代表，在 20 世纪 60 年代，被江苏省南京将物院拆去，但是时至今日已经有五十多年渺无影悉，应该回归苏州，归回人民。

图 12-11 为山塘街东齐会馆三楼砖细牌楼门楼，砖细斗栱不设孤栱、令栱，而用砖细排条的砖细华栱，下昂组合比较简练，具有鲁、晋地域风格，花坊的砖雕以平雕浅浮雕为主，除了兜肚有少量人物外，其余图案以花草，云纹为主，其下枋图

图 12-10　苏州砂皮巷回教礼拜寺

案为藤头，山草为主，中枋为梅、兰、竹、菊，上花枋为山东省牡丹，额枋题字为东齐两字。屋面为小青瓦，屋脊为鱼龙吻，屋面为歇山式，反映了当时山东地区的经济、文化、风俗和你技术水平。三楼式砖雕门楼，现苏州已经不多，或为龙王凤毛，我们应当加以珍惜，研究，保护。

图 12-11　山塘街东齐会馆

下面的照片是收录于居晴磊老师《苏州砖雕》中的珍贵资料。是一座不知名的门楼的兜肚上的雕刻，该砖雕内容，雕刻技法，雕刻艺术实在精彩。图面为两幅古代武将激烈战斗的场面，通过透雕，深浮雕，半圆雕多种技法，将作品塑造的栩栩如生。

图 12-12，场景为两员战将从右边山间小路杀出，一将（暂定将一）身穿铠甲，头戴盔顶，手举狼牙棒飞马而出，准备回首拼搏，一将（暂定将二）在后催马紧追，苦苦相逼。由于战斗多时，将一显得苍老无力。微微喘息，略占下风，而将二杀得性起，裸露上身，显得身强力壮，熊腰虎背，精神饱满，手拿武器

对峙，图中兵器现已缺损，根据将二动态造型，他用的兵器猜测可能是大刀，两将表情生动，动态十足，威武不屈，斗志昂扬，怒目相向。两匹战马，训练有方，作奔跑状，以致马首向前，前脚落地，后蹄腾空，马尾上扬作跳跃状。山上一堆中年男女在作观察状，男的头戴官帽，缺一帽翅，身着官袍，手扶玉带，三绺黑须风吹微扬，两目无神显得忧心忡忡，心中较为紧张，女的年纪相仿，垂眉杏眼，银盆脸樱桃嘴，小鼻梁，右手微抬，在作议论状。

　　而另一对战斗场面，图12-13也是两将骑马会战，两将从右边山间小道杀出，一将（暂定将三）作骑马回首状，准备反击，一将（暂定将四）紧追不放，高举武器作追击状，两将年龄相仿，都是头戴盔顶帽，身穿铠甲袍，五绺长清须，迎风胸前飘，两将原有武器，现已全部缺失，推测将四高举双手向下劈的动态，应高是舞大刀的，而右臂已失，左臂下方的将三可能用的武器是金枪。出人意料的是两人的交战表情，不是怒目相对，而是笑容可掬，可能旧曾相识，今日幸会，来个正戏假打，也可能是两人城府较深，深藏不露，笑里藏刀，都是要吃人的笑面老虎。这急坏了山上观察的偏将，他下蹲马步，左手横举，右手提枪（现已缺失），他豹头环眼燕，颔虎须，张大嘴巴，向下作喊话状，给战将作提醒喊话。

　　左右兜肚两造型，一怒一笑，相辅相成，相得益彰，四匹战马，高大健硕，马耳耸立，马眼鼓圆，马鼻微喘，马嘴微张，马蹄有力，马尾飘扬，在交战中，四只大将的呐喊声、武器搏击声、战马的嘶叫声，马蹄的得得声、马铃的汪汪声，激烈的战斗场面使人们胆战心惊，在雕塑中，声音是无法雕塑的，但大师可用战斗场面的过程，把声音间接地反映出来，使我们对画面的欣赏、理解过程，认识到声音的存在，这就是大师的艺术，砖雕的艺术。同样，风是无法塑造的，大师可利用云的飘动，水面的波纹，人物衣服的摆动，风筝的放飞，炊烟的扩散，使人们感受到风的存在，以及大风小风的区别。

图 12-12　居晴磊老师　　　　　　　图 12-13　居晴磊老师
　　《苏州砖雕》收录　　　　　　　　《苏州砖雕》收录

（本章由袁小芳执笔）

附录一　香山帮建筑砖雕类型总览

　　砖雕是用砖作为材料，在砖上面雕刻各种图案花纹或立体造型的一种技艺，在香山帮里属于瓦工范畴。砖雕是一种"细活"，雕刻时要用"软硬劲"。雕刻人员不仅要心灵手巧，更需要有一定的美学基础。砖雕的类型很多，从构件上分有门楼、花窗、影壁、字碑、墙面装饰等，从雕刻技法来分，则有线雕、平雕、浮雕、镂雕、圆雕等，下面将苏州地区的砖雕作品，分列如附图1-1～附图1-49，以作欣赏和参考。

附图 1-1　惠荫园
砖雕门楼

附图 1-2　惠荫园
砖雕字碑（一）

附图 1-3　惠荫园
砖雕字碑（二）

附图 1-4　可园的砖雕门楼

附图 1-5　潘祖荫故居的砖雕匾额

附图 1-6　潘祖荫故居新修的砖雕照墙

附图 1-7　曲园的砖雕墙门

附图 1-8　网师园砖雕门楼（一）

附图 1-9　网师园砖雕门楼（二）

附图 1-10　门楼上的松鹤砖雕

附图 1-11　门楼上的吉祥图案砖雕

附图 1-12 网师园门楼上的故事图案砖雕

附图 1-13 耦园的砖雕门楼

附图 1-14 礼耕堂砖雕门楼

附图 1-15 怡园的砖刻碑廊

附图 1-16 艺圃的砖雕门楼

附图 1-17　拙政园的砖雕墙门

附图 1-18　寒山寺的
砖雕花窗

附图 1-19　私宅里的砖雕横幅

附图 1-20　故事砖雕"送米图"

附图 1-21　戏剧故事砖雕 "战长沙"

附图 1-22　砖雕照壁 "百寿图"

附图 1-23　香山工坊园冶景观园中的砖雕长卷《姑苏繁华图》（局部）

附图 1-24　东山雕花楼的砖雕门楼

附图 1-25　全晋会馆的
照墙砖雕和
抛枋上的砖雕（一）

附图 1-26　全晋会馆的
照墙砖雕和
抛枋上的砖雕（二）

附图 1-27　吴江师俭堂
　　　的砖雕门楼

附图 1-28　潮州会馆的
　　　砖雕墙门

附图 1-29　木渎严家花园
　　　的砖雕墙门（一）

附图 1-30　木渎严家花园
　　　的砖雕墙门（二）

附图 1-31　礼耕堂的砖雕挂落

附图 1-32　礼耕堂的
砖雕墙门

附图 1-33　李鸿章祠照墙砖雕

附图 1-34　昭庆寺的
砖雕墙门

附图 1-35　春晖堂
砖雕墙门

附图 1-36　山塘雕花楼的砖雕墙门
（戏剧故事）

附图 1-37　观前街乾泰祥
绸布店砖雕店招

附图 1-38　东山紫金庵砖雕门楼

附图 1-39　寒山寺墙门砖雕

附图 1-40　沧浪亭藏宋代砖雕

附图 1-41　沈宅（苏州评弹
博物馆）的砖雕墙门

附图 1-42　昆山亭林公园昆曲
博物馆砖雕墙门

附图 1-43　木渎严家花园砖雕门楼图案

附图 1-44　吴江退思园
砖雕墙门

附图 1-45　吴江珍珠塔
景园砖雕照壁

附图 1-46　吴江御史府
第砖雕墙门

附图 1-47　吴江珍珠塔景园
"欢庆新年"砖雕

附图 1-48 吴江御史府第砖雕墙门　　　　附图 1-49 艺圃砖雕墙门

附录二　香山帮建筑花窗类型总览

花窗在香山帮瓦作中称为漏窗或洞窗。花窗中意象繁复，构图巧妙，雕功精致。它们的主要作用是装饰墙面。一般高度的花窗虽也隐约透景，但并无独立的框景效果。古代花窗多以望板砖、瓦片、木、灰、铁丝等为材料，构成整形或自然的图形。下面我们把苏州地区的各种瓦作花窗形式给大家，列举如附图 2-1～附图 2-44，以供欣赏和参考。

附图 2-1　无锡蠡园的
各式青瓦漏窗（一）

附图 2-2　无锡蠡园的
各式青瓦漏窗（二）

附图 2-3　无锡蠡园的
各式青瓦漏窗（三）

附图 2-4　无锡蠡园的
各式青瓦漏窗（四）

附图 2-5　耦园漏窗（一）

附图 2-6　耦园漏窗（二）

附图 2-7　耦园漏窗（三）

附图 2-8　耦园漏窗（四）

附图 2-9　沧浪亭漏窗（一）

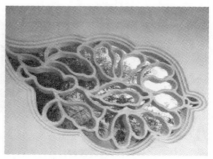

附图 2-10　沧浪亭漏窗（二）

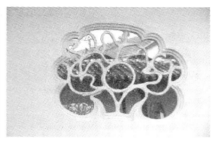

附图 2-11　沧浪亭漏窗（三）　　　　附图 2-12　沧浪亭漏窗（四）

附图 2-13　留园漏窗（一）　　　　附图 2-14　留园漏窗（二）

附图 2-15　留园漏窗（三）　　　　附图 2-16　留园漏窗（四）

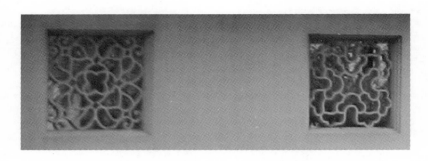

附图 2-17　木渎严家花园的漏窗

附图 2-18　狮子林的"琴棋
书画"漏窗（一）

附图 2-19　狮子林的"琴棋
书画"漏窗（二）

附图 2-20　狮子林的"琴棋
书画"漏窗（三）

附图 2-21　狮子林的"琴棋
书画"漏窗（四）

附图 2-22　狮子林的堆塑漏窗（一）　　　　附图 2-23　狮子林的
堆塑漏窗（二）

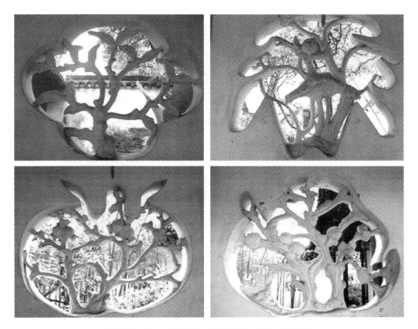

附图 2-24　沧浪亭"春夏秋冬"花漏窗

附图 2-25　耦园砖雕漏窗

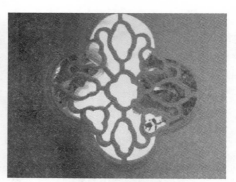
附图 2-26　沧浪亭漏窗

附图 2-27　沧浪亭"囍"字漏窗

附图 2-28　留园曲溪楼的花漏窗

附图 2-29　留园各式花漏窗

附图 2-30　网师园小山丛桂轩后一组漏窗

附图 2-31　网师园花漏窗

附图 2-32 吴江珍珠塔
景园漏窗

附图 2-33 吴江珍珠塔景园
"琴棋书画"漏窗（一）

附图 2-34 吴江珍珠塔
景园"琴棋书
画"漏窗（二）

附图 2-35 吴江珍珠塔
景园"琴棋书
画"漏窗（三）

附图 2-36 吴江珍珠塔
景园"琴棋书
画"漏窗（四）

附图 2-37 拙政园漏窗（一）

附图 2-38 拙政园漏窗（二）

附图 2-39　拙政园漏窗（三）　　　　附图 2-40　拙政园漏窗（四）

附图 2-41　钮家巷潘宅（苏州　　　　附图 2-42　尚志堂（苏州工艺
　　　状元博物馆）的漏窗　　　　　　　　美术博物馆）的漏窗

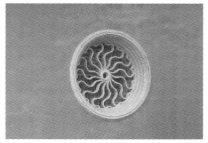

附图 2-43　苏州园林博物馆　　　　　附图 2-44　苏州文庙大
　　陈列展示的花漏窗　　　　　　　　　成殿的漏窗

附录三　香山帮建筑灰堆塑类型总览

　　堆灰塑艺术是一种较为突出的表现形式，它是主要用水泥、石灰、纸筋等来塑造各种具有立体效果的形象，在建筑行业中这一工种也称"堆塑"。常用在古建筑的屋脊、沿口、飞檐、戗角和山墙等处。下面我们把苏州地区的各种堆灰塑作品给大家，列举如附图 3-1～附图 3-56，以供欣赏和参考。

附图 3-1　狮子林正厅屋脊的
"福禄寿三星"堆灰塑

附图 3-2　贝家祠堂正厅屋脊
"八仙过海"堆灰塑

附图 3-3　玄妙观尊已殿正脊
"盘龙"堆灰塑

附图 3-4　玄妙观侧殿屋脊
"凤穿牡丹"堆灰塑

附图 3-5　玄妙观正
山门"鹤鹿松寿"
堆塑花窗

附图 3-6　观前街商城
立面墙壁的"吉祥
如意"、"刘海戏
金蟾"堆塑（一）

附图 3-7　观前街商城
立面墙壁的"吉祥
如意"、"刘海戏
金蟾"堆塑（二）

附图 3-8　山塘街报恩寺屋脊堆塑及鱼龙吻堆塑

附图 3-9　吴中区蒯祥园"蒯祥纪
念馆"屋脊"寿星"堆塑

附图 3-10　香山工坊承香堂"和合
二仙"堆塑山花

附图 3-11 礼耕堂内建筑
的"纹头脊"和
"哺鸡脊"堆塑

附图 3-12 灵岩山上山路边
建筑上的堆灰
塑山花

附图 3-13 灵岩山僧舍屋脊堆
灰塑"春牛图"

附图 3-14 灵岩山大雄宝殿屋脊
的"金太阳"堆塑

附图 3-15 玄妙观财神殿山墙
的大象形堆塑

附图 3-16 玄妙观财神殿的
无极天神堆塑

附图 3-17　东山紫金庵双鹿堆塑

附图 3-18　光福铜观音寺
大殿正脊堆塑

附图 3-19　铜观音寺茶楼
"荷塘双栖"堆塑

附图 3-20　铜观音寺
"松鹤"堆塑

附图 3-21　寒山寺
"福寿"堆塑

附图 3-22　寒山寺大雄
宝殿正脊堆塑

附图 3-23　卫道观大殿
正脊堆塑

附图 3-24　卫道观屋
脊龙吻堆塑

附图 3-25　西园寺观音
兜堆塑山花"吉象"

附图 3-26　西园寺堆
塑月洞门

附图 3-27　玉皇宫
"八仙过海"堆塑

附图 3-28　东山启园镜湖楼
屋脊"富贵福禄寿"堆塑

附图 3-29　启园御码头
"松鹤四君子"山花堆塑

附图 3-30　启园照壁堆塑

附图 3-31　留园建筑上的
堆塑哺鸡脊

附图 3-32　耦园的"柏鹿同春"
山花堆塑

附图 3-33　耦园的"松鹤延年"
山花堆塑

附图 3-34　耦园的"凤穿
牡丹"冰饯堆塑

附图 3-35　耦园的"金鸡
独立"山花堆塑

附图 3-36　耦园便静宦
寿字堆塑山花

附图 3-37　耦园的"凤穿
牡丹"脊塑

附图 3-38　耦园听橹楼水饯头凤凰堆塑

附图 3-39　可园月洞门堆塑

附图 3-40　可园船舫
　　　　堆塑山花

附图 3-41　昆山亭林公园昆剧
　　　　博物馆古戏台屋脊堆塑

附图 3-42　木渎严家花园
　"和合二仙"屋脊堆塑

附图 3-43　退思园荫余堂
　　　　"寿星"脊花

附图 3-44　怡园"福寿如意"
　　　　山花堆塑

附图 3-45　怡园花草图案
　　　　堆塑脊花

附图 3-46　拙政园"五福
捧寿"屋脊堆塑

附图 3-47　拙政园戏剧故事
山花堆塑

附图 3-48　拙政园芙蓉榭和合金蟾山花堆塑

附图 3-49　苏州文庙的
堆塑屋脊

附图 3-50　苏州文庙大成殿
正脊的盘龙堆塑

附图 3-51　苏州文庙侧殿屋脊
的八仙人物堆塑

附图 3-52　太平天国忠王府大门
的狮子图案堆塑脊花

附图 3-53　拙政园远香堂竖带
设麒麟堆塑

附图 3-54　潘世恩故居（苏州状元
博物馆）正脊的麒麟堆塑

图 3-55　苏州戏曲博物馆（全晋会馆）
的屋脊堆塑三国演义之取成都

附图 3-56　吴中区胥口胥王
庙屋脊堆塑

189

附录四　香山帮工匠的行话

　　汉语除了通常应用的语言以外，在各种工匠中还有一种称"切口"或"行话"的语言，这不是一般人所能听到懂的。它是一种以遁辞隐义来表达某一种小群体所共知得某些事物，是一种具有回避人知和带有游戏性质特征的语言。这种语言的形成，追根溯源当与"忌讳"有关，是社会文化积淀的产物。

　　我国的五行八作，三教九流都有各自的切口。吴县胥口的香山帮工匠也不例外。他们的内部行话，实是看也看不懂，听也听不明。今挑选摘录如下，以飨读者。

匠人——两象牛筋	木匠——木角两
泥水匠——水落里	工头——蛇流子
工头助手——铁臂手	斧头——三十六
锯子——额带	榔头——汉朝手
泥刀——两面三	绳子——添嘴落成万里长
钉子——瘦骨伶或多三里	水石灰——里零
瓦爿——勃梅或罗呆	砖头——乱留
松树——毛勃龙	破旧木料——落旦
泥水木匠的工具——赖郎	做生活——郎切
泥灰涂得薄点——落爿	泥灰涂得厚点——镬够短——督乱
长——蛇良	墙塌——土泥烂
做窗不合缝——束季	东家为人奸刁——曲留
东家——龙堆拉	钱——七连
上工——露一露	工间休息——露一息
香烟——沙香影见	早点走——正老壳漏
没有茶喝——活伦吞无	茶——罗瑞
吃——牵山	吃饭——牵山木阿二

190

早吃饭——正老阿二　　　　　晚吃饭——恶盖阿二

吃粥——牵山尺一六　　　　　鱼——瓦伦

慢——摸板　　　　　　　　　多——哆噜

少——束早　　　　　　　　　大——独拉

小——束叫　　　　　　　　　偷——拖留

拿——落帚　　　　　　　　　看——肯南

灵——拿顶　　　　　　　　　好——老海

帚——百格烂　　　　　　　　老——落刀

酒——捉漏或足三　　　　　　脊柱——立尖理治

双步——行双里步　　　　　　桁条——瓦梗条

椽子——乱　　　　　　　　　快——阔拉

团子——乱瑞里　　　　　　　菜——出南

妻子——拉夷　　　　　　　　钟——龙醉

砌墙头——触漏蛇　　　　　　粉墙——腊丕蛇将里

门——轮梅　　　　　　　　　衣裳——越几郎

裤子——罗块里　　　　　　　小工——束叶龙

料——落吊　　　　　　　　　没了料子了——落吊蒙

爷——扭扭脚　　　　　　　　儿子——肉几子

生活要做得好点——郎切　　　提早息工——小菩萨或正老蓄积
罗得很高点

墙角砌得勿直、柱子立得　　　墙头凸肚皮——罗特布里独柱
勿直——老旦

　　香山帮行话从修辞方式来看，不外乎反切、摹状、藏词、谐音、借代、析字六种。这种行话从无文字记载，全靠内部工匠口耳相传，流传几百年。不懂行话的人，听之如闻鸟语，但香山帮工匠们却能心领神会。现在，在青年匠人中，已经知之甚少了。

　　（本文由李洲芳先生摘录整理）

主要参考文献

1. 刘一鸣. 古建筑转细工. 北京：中国建筑工业出版社，2004
2. 冯晓东，雍振华. 香山帮建筑图释. 北京：中国建筑工业出版社，2015
3. 冯晓东. 承香录：香山帮营造技艺实录. 北京：中国建筑工业出版社，2012
4. 赵研主编. 建筑识图与构造（第二版）. 北京：中国建筑工业出版社，2008
5. 苏州园林发展股份有限公司，苏州香山古建园林工程有限公司. 苏州园林营造技艺. 北京：中国建筑工业出版社，2012
6. 李洲芳. 苏派建筑香山帮. 北京：中国诗词楹联出版社，2014
7. 苏州民族建筑学会. 苏州古典园林营造录. 北京：中国建筑工业出版社，2003